# 土壌と界面電気現象
―基礎から土壌汚染対策まで―

日本土壌肥料学会編

博　友　社

日本土壌肥料学会編

By Japanese Society of Soil Science and Plant Nutrition

土壌と界面電気現象；基礎から土壌汚染対策まで

Soils and Interfacial Electric Phenomena ; from Fundamentals to Antipollution Measures

博友社　Hakuyusha Co. Ltd

**編集担当者**

　石黒　宗秀（北海道大学大学院農学研究院）

**執筆者**（執筆順）

　石黒　宗秀（北海道大学大学院農学研究院）

　鈴木　克拓（中央農研北陸研究センター）

　小林　幹佳（筑波大学大学院生命環境科学研究科）

　大島　広行（東京理科大学薬学部）

　森崎　久雄（立命館大学生命科学部）

　田中　俊逸（北海道大学大学院地球環境科学研究科）

　明本　靖広（北海道大学大学院地球環境科学研究科）

　溝口　　勝（東京大学大学院農学生命科学研究科）

# 刊行のことば

　一般社団法人日本土壌肥料学会は，食糧の生産に深く関与している土壌学，肥料学，植物栄養学の近代的な理論と技術体系を構築することを目的として，1927年に設立された学術団体です。以来，日進月歩の技術革新を積極的に推進する一方，それに伴い生じる新たな課題へ真摯に取り組み，わが国のさらには世界の人々の生活の質の向上に向けて，現在約2700名の会員が基礎と応用，学術と実践の両側面から研究，教育，普及を展開しています。

　学会活動の一環として，本学会員はもとより，広く一般市民の方々にも，本学会の対象としている科学と技術の諸分野における現状と，将来展望について理解を深めていただくことを念頭に，これまで44冊のシンポジウムシリーズを刊行してきました。

　この冊子は2013年度日本土壌肥料学会名古屋大会において開催されたシンポジウム「土壌における界面電気現象と農業・環境：基礎から応用まで」の成果が取りまとめられています。本シンポジウムでは「土壌界面の電気現象」という極めて専門的な，またそれゆえに，一見近寄りがたいと思われるようなテーマに果敢にチャレンジし，本冊子では，その基礎理論から放射能汚染土壌の除染という応用と実践までを，包括的かつ平易に解説されており，関係者ならびに著者の方々の並々ならぬ熱意に敬意を表したいと思います。

　2015年は「国際土壌年」でした。土壌は「私たちをはじめとする生きとし生けるものを足下から支えるかけがえのない基盤であ

る」との認識の向上と適切な管理を支援するための社会意識の醸成を目的として，2013年12月に国連総会で決議されました。本冊子は「なぜ土壌はそのように大切な役割を果たすことができるのか」という素朴な，しかし知的好奇心を大いにくすぐる本質的な疑問に対して，界面電気現象をキーワードとして，また，最新の知見に基づいて，真正面から答えようとしています。さらにそれは，単に学術的な興味を満たすためだけではなく，現代を生きる私たちが世代を超えて語り継がなければならない東日本大震災に伴う放射能汚染に対して，今と将来にわたって「何を，なぜしなければならないのか」というメッセージでもあります。本冊子が，学会員如何を問わず，また，研究者，学生，一般市民を問わず，広く手に取っていただき，少しでも「国際土壌年のこころ」を感じ取っていただけることを祈念いたします。

2017年2月

国際土壌科学会　会長

小﨑　隆

# 目　次

刊行のことば …………………………………… 小崎　　隆

## I 土壌における界面電気現象と農業・環境

石黒　宗秀

1．はじめに……………………………………………10
2．土壌中のイオン移動………………………………11
3．土壌の透水性………………………………………13
4．土壌の分散凝集……………………………………17
5．吸着状態と分散凝集………………………………24
6．ゼータ電位と電気的反発ポテンシャルエネルギー………27
7．イオンの電場遮蔽効果とイオン性界面活性剤の吸着……29
8．土壌のイオン排除・塩ぶるい効果………………32
9．おわりに……………………………………………35

## II 拡散電気二重層とDLVO理論の基礎

鈴木　克拓

1．はじめに……………………………………………40
2．電荷・電場・電位の関係…………………………40
3．拡散電気二重層……………………………………43
4．2粒子間の相互作用………………………………50

 4-1　帯電平板間に働く静電相互作用 …………………50
 4-2　ファンデルワールス相互作用 ……………………52
 4-3　デリャーギン近似 …………………………………54
5．DLVO 理論 ………………………………………………56
6．おわりに …………………………………………………58

## Ⅲ　界面動電現象とその利用

小林　幹佳

1．はじめに …………………………………………………64
2．界面動電現象と土粒子の帯電の発見 …………………64
3．電気二重層 ………………………………………………67
4．界面動電現象の基本 ……………………………………69
 4-1　電気浸透 …………………………………………69
 4-2　電気泳動 …………………………………………71
 4-3　流動電位 …………………………………………75
5．界面動電現象の測定結果とその利用 …………………78
 5-1　電気泳動とコロイドの凝集分散 ………………78
 5-2　コロイドの凝集速度とゼータ電位 ……………81
6．おわりに …………………………………………………85

## Ⅳ　表面電荷の測定とモデル

小林　幹佳

1．はじめに …………………………………………………90

2. プロトンの解離・結合による帯電機構……………………90
3. 酸・塩基滴定による表面電荷密度の測定………………92
4. 帯電挙動の理論的モデルとその適用……………………94
　4-1　カルボキシルラテックスの帯電挙動………………94
　4-2　コロイドシリカの帯電挙動……………………………99
　4-3　酸化鉄コロイドの帯電挙動…………………………103
5. おわりに………………………………………………………108

# V　柔らかい粒子の電気泳動と静電相互作用

大島　広行

1. はじめに………………………………………………………112
2. 柔らかい粒子の界面電気現象の主役：Donnan 電位 ……113
3. 電気泳動：柔らかい粒子ではゼータ電位が意味を失う
　…………………………………………………………………119
4. 柔らかい粒子間の静電相互作用：Donnan 電位制御型
　モデル…………………………………………………………128
5. 表面層の接触後の静電相互作用………………………………134
　5-1　圧縮モデル（2段階モデル）…………………………134
　5-2　嵌合-圧縮モデル（3段階モデル）…………………138
6. おわりに………………………………………………………141

## Ⅵ 微生物の付着とバイオフィルム形成

森崎 久雄

1. はじめに……………………………………………144
2. 微生物の付着………………………………………145
   2-1 微生物は表面に影響される生物……………145
   2-2 微生物細胞に働く反発力と引力……………145
   2-3 微生物細胞の付着メカニズム ―これまでの取
       り扱い―……………………………………146
   2-4 微生物細胞の付着メカニズム ―新しい展開―
       ………………………………………………147
3. 微生物の細胞表面特性と付着の強さとの関連…………149
   3-1 コロニー形成時間と増殖速度との関連…………149
   3-2 細菌の増殖速度と細胞表面特性………………150
   3-3 細胞表面特性と付着の強さ……………………154
4. 付着後のバイオフィルム形成とバイオフィルムの特性
   …………………………………………………………154
   4-1 バイオフィルムとは……………………………154
   4-2 バイオフィルム中の微生物……………………156
   4-3 細胞外高分子物質………………………………158
   4-4 バイオフィルム間隙水…………………………159
   4-5 バイオフィルムによるイオンの取り込み………161
5. おわりに……………………………………………163

## Ⅶ エレクトロカイネティック法を用いた汚染土壌修復技術

田中　俊逸・明本　靖広

1. はじめに……………………………………………………168
2. EK法の原理…………………………………………………169
3. EK法の応用例………………………………………………172
4. 放射性核種を除去対象としたEK法の応用……………178
5. セシウム汚染土壌の修復の可能性………………………181
6. 環境影響……………………………………………………184
7. コスト………………………………………………………186
8. おわりに……………………………………………………187

## Ⅷ 放射性セシウムの粘土粒子への固定と現地除染法

溝口　勝

1. はじめに……………………………………………………194
2. 放射性セシウムの粘土粒子への固定……………………195
3. 農家自身でできる農地除染法の試み……………………199
　3-1　凍土剥ぎ取り法………………………………………201
　3-2　田車による泥水掃出し法……………………………202
　3-3　浅代かき強制排水法…………………………………205
　3-4　汚染土の埋設法―までい工法………………………207
4. フィールドモニタリング…………………………………214

5．おわりに……………………………………………………216

# I 土壌における界面電気現象と農業・環境

石黒　宗秀

1. はじめに
2. 土壌中のイオン移動
3. 土壌の透水性
4. 土壌の分散凝集
5. 吸着状態と分散凝集
6. ゼータ電位と電気的反発ポテンシャルエネルギー
7. イオンの電場遮蔽効果とイオン性界面活性剤の吸着
8. 土壌のイオン排除・塩ぶるい効果
9. おわりに

---

Soil and interfacial electric phenomena related to agriculture and environment

Munehide ISHIGURO

## 1. はじめに

　土壌の特徴のひとつに，電荷を持っていることが挙げられる。電荷量の多い粘土の場合，陽イオン交換容量が約 $1 mol kg^{-1}$ だから，この粘土 $1 kg$ あたりの持つ電荷量は，$1 mol$ の電子が持つ電荷（＝ファラデー定数）$9.64 \times 10^4 C$ に等しい。土の密度を $1000 kg m^{-3}$ とすると，$1 m^3$ 当たりにほぼ 1 億 C の電荷があることになる。$100 V$ の電圧で $1 kWh$（$= 3.6 \times 10^6 J h^{-1}$）の電気ストーブを利用すると，1 時間当たり $3.6 \times 10^4 C$ の電荷の流れが必要になるので，$1 m^3$ の土は，約 120 日間電気を供給できる計算になる（岩田，1985）。実際には電荷を取り出せないので電源には出来ないが，大きな蓄積量である。この電荷は，土壌に様々な現象を引き起こす。その影響は，土壌構造，透水性，土壌侵食，水移動，養分移動，汚染物質移動等に現れるため，農業や環境問題と密接に関連する。

　土壌をとりまく現象を理解する上で，電気的な現象は興味深く重要である。本書では，土壌や微生物で起こっているそのような現象を紹介するとともに，界面電気現象の基礎理論・測定法・利用法について，最新の成果を交えて解説する。近年，赤血球や細菌表面に，電荷を持った高分子のヒゲがあり，それが物質表面の相互作用や移動現象に影響することが明らかになってきた。これらの物質を「柔らかい粒子」と呼び，その理論が新たに提案され，現象の解明に用いられている。腐植物質で覆われた粘土鉱物も「柔らかい粒子」であり，土壌分野でも今後の展開が期待される。最後に，界面電気現象を利用した土壌汚染対策法について紹介す

る。この章では，土壌の電荷に起因する現象と農業・環境との関連について述べる。II章では，電気化学の基礎を解説し，拡散電気二重層の理論を紹介する。III，IV章では，界面動電現象の基礎ならびに界面電気現象に関わる測定法とその利用法について紹介する。V章では，細胞・細菌・腐植物質などが対象となる「柔らかい粒子」の電気泳動と静電相互作用の基礎理論を紹介する。VI章では，「柔らかい粒子」の典型である微生物を対象に，その細胞電荷表面と固体表面の相互作用について解説し，細菌が形成する世界を紹介する。VII章では，界面動電現象を利用した汚染土壌修復技術を紹介する。VIII章では，福島原子力発電所事故で被害を受けた土壌を対象として，放射性セシウムの粘土粒子への吸着固定と土壌除染の試みを紹介する。

## 2．土壌中のイオン移動

典型的な火山灰土の，アロフェン質火山灰土B層（茨城県つくば市観音台）の土壌試料を均質に溶液浸透用カラムに充填し，水で飽和した状態でイオン溶液を浸透させてみよう。浸透開始から，流出液のイオン濃度の変化を測定したところ，図I-1の流出濃度曲線が得られた。イオン溶液を浸透させる前の土壌カラム中には，浸透させるイオンと同じイオンは入っていないので，流出するまでには一定の流出液量が必要だ。カチオンは，pHが高くなるに従って流出が遅れるのに対し，アニオンは，反対に流出が速くなる。この原因は，この土壌の電荷が，pHが高くなると負電荷量が多くなり正電荷量が減少するためである（図I-2）。pH変化に伴う電荷量の変化が，イオン移動に顕著な影響を及ぼすこ

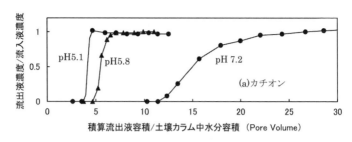

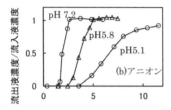

図I-1 アロフェン質火山灰土カラムのイオン浸透実験における(a)カチオンと(b)アニオンの流出濃度曲線(Ishiguro, 2005を一部改図)

とがわかる。イオン移動の遅れは，電荷による静電吸着量に一致する(Ishiguro, 2005)。イオンは，作物にとっての養分であったり，汚染物質であったりするため，このような現象の理解は，養分の効率的利用や環境汚染対策を図る上で重要となる。静電吸着による流出の遅れは，次の固液分配比$D$で評価することができる。

$$D = (\rho q)/(\theta C) \qquad (1)$$

ここで，$\rho$は土粒子密度($kg\,m^{-3}$)，$q$はイオン濃度$C$($mol\,L^{-1}$)でのイオン吸着量($mol\,kg^{-1}$)，$\theta$は体積含水率($m^3\,m^{-3}$)。吸着のない物質は平均的に，図I-1において横軸の1 pore volumeで流出するが，吸着によって遅れるイオンの流出は平均的に$1+D$ pore

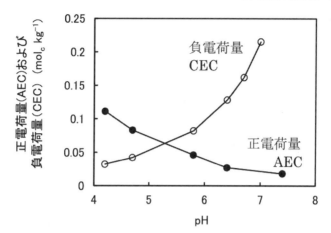

図 I-2　アロフェン質火山灰土の電荷量と pH の関係
　　　　CEC；カチオン交換容量，AEC；アニオン交換容量
　　　　（Ishiguro et al., 1992 を改図）

volume で流出する。つまり，流出は吸着量と濃度で決まる。同じ濃度でも，吸着量が大きければ，(1)式に従って流出が遅れる（Bolt and Bruggenwert, 1976; Ishiguro, 1992）。

## 3．土壌の透水性

　岡山県児島湖の底土を採取し，種々の pH 条件で飽和透水係数を測定した結果を図 I-3 に示す。底土は，周辺の干拓地土壌と同じような性質のものである。図 I-3 (a)は, 最初に所定 pH (pH 5, 7, 9, 11) および $0.1\,mol_c L^{-1}$ の塩化ナトリウム溶液で平衡させた後に，異なる濃度の Na 溶液を，高濃度から低濃度（$0.1 \to 0.01 \to 0.001 \to 0\,mol_c L^{-1}$）に切り替えて飽和浸透させた場合の飽和透水係数の変化を示している。横軸は，降水量を表すときと同

14　I　土壌における界面電気現象と農業・環境

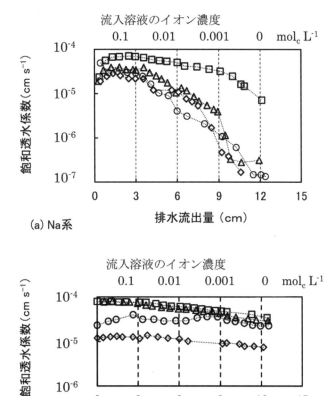

図I-3　児島湖底土の飽和透水係数と土壌pHの関係（石黒ら，2001を一部改図）
□ pH5，△ pH7，◇ pH9，○ pH11

じく長さの単位で表した排水流出量を示す。pHが高くなるほど,また,低濃度になるほど,透水係数が小さくなる傾向にあることがわかる。図I-3(b)は,同様の実験を塩化カルシウムで行った結果である。Ca型にすると,Na型と比較して透水性の低下が抑制されることがわかる。Ca型のpH11では,透水性があまり変わらず,また,pH9より大きな値を示している。これは,アルカリ性でカルシウムが土壌の無機物と化学反応を起こし,土壌構造を安定化させたためである(石黒ら,2001)。石灰を用いて地盤を安定化する技術は,古代ローマ時代にさかのぼることが出来る。

 Naが土壌中に多いと,このように透水性の低下を招きやすくなる。内海を干拓する農地造成,Naが集積した塩害地,津波被

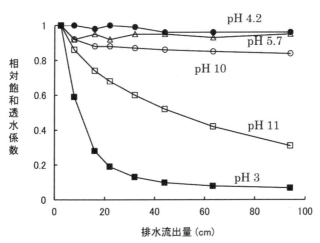

図I-4 アロフェン質火山灰土の飽和透水係数に及ぼす1 $mol_c L^{-1}$塩化ナトリウム(Na–H–Cl–OH系)浸透溶液pHの影響(Ishiguro, 2005を一部改図)

害を受けた農地などがこれに関連する。塩分を取り除こうとしてきれいな水をかんがいすると，透水不良を起こしてしまうので，排水対策が必要になる。特に，pH が高い土壌で影響が大きい。半乾燥地で塩害が起こりやすいため，古くから研究されてきたテーマである。

先ほどのアロフェン質火山灰土B層についても，飽和透水係数の変化を調べた結果が図Ⅰ-4である。種々のpHの $1\,\text{mmol}_c\,\text{L}^{-1}$ 塩化ナトリウム（Na–H–Cl–OH系）溶液を飽和浸透させたところ，酸性側とアルカリ性側で飽和透水係数が低下した。これは，先に示した電荷量変化（図Ⅰ-2）に対応している。同じ酸性溶液でも，硝酸と硫酸だと，硝酸は透水係数の低下が激しいのに，硫酸はほとんど低下せず，むしろ若干上昇する傾向にある（図Ⅰ-5）（Ishiguro and Nakajima, 2000）。児島湖底土の透水性を左右した

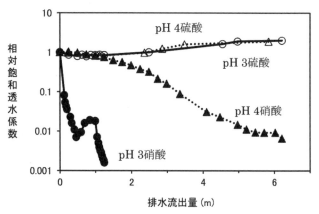

図Ⅰ-5　アロフェン質火山灰土の飽和透水係数に及ぼす酸溶液の影響（Ishiguro and Nakajima, 2000 を一部改図）

のが土壌の負電荷で，カチオンが影響したのに対し，ここでは土壌の正電荷がかかわるため，アニオンの違いが透水性に影響する。次に，この透水性変化の原因を探ろう。

## 4. 土壌の分散凝集

児島湖底土の分散凝集特性を調べた結果が図Ⅰ-6である。土壌溶液を良く振とうして静置8.3時間後に，水面下3cmから溶液を採取し，その500nm波長の光透過度を測定した。Na型がCa型よりも分散しやすく，両者ともイオン濃度が低くなるほど分散しやすくなる。この傾向は，先ほどの飽和透水係数の変化に対応しており，分散しやすい条件ほど飽和透水係数が低下している（石黒ら，2001）。

アロフェン質火山灰土B層の分散凝集特性を種々のpHの1 $mmol_c L^{-1}$ 塩化ナトリウム（Na-H-Cl-OH系）溶液中で調べた結果が図Ⅰ-7である。pH4以下とpH10以上で土壌が分散しや

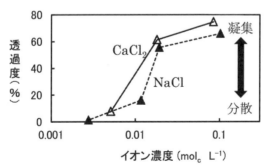

図Ⅰ-6 児島湖底土の分散凝集に及ぼすカチオン種とイオン濃度の影響。pH7における値。（石黒ら，2001を改図）

18　I　土壌における界面電気現象と農業・環境

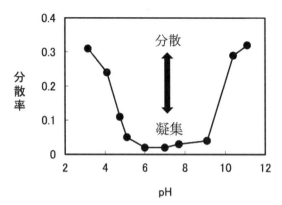

図I-7　アロフェン質火山灰土の分散凝集に及ぼすpHの影響。1mmol$_c$L$^{-1}$塩化ナトリウム（Na-H-Cl-OH系）溶液中。
分散率=(12時間静置後の懸濁液の濁度)÷(振とう直後の懸濁液の濁度)。(Nakagawa and Ishiguro, 1994を一部改図)

すいことが分かる。これは，低pHで正電荷量が多くなり，高pHで負電荷量が多くなる（図I-3）ことと対応した現象である。写真I-1に，飽和透水係数測定実験における，pH3塩酸溶液浸透前と水深高さに換算して1.22m浸透後の土壌構造を示す（1mmol$_c$L$^{-1}$ Na-H-Cl-OH系でpHを3にすると，塩酸になる）。土壌試料表面において，塩酸浸透前は，団粒構造が認められるが，浸透後は，団粒構造が崩れている。写真I-2は，写真I-1(b)の塩酸浸透後の土壌試料を取り出して，深さ方向に割ったものである。表面の1cm弱の深さの層で，構造が変化している様子がわかる。多量に弱酸を浸透させても，影響する深さが短いのは，この土壌がpH変化に対して強い緩衝作用を持つためである。何

4. 土壌の分散凝集 19

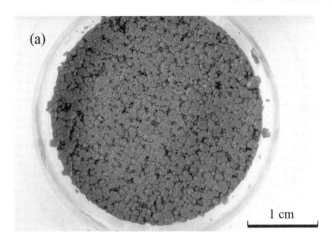

写真 I-1 　(a)pH3塩酸浸透前と(b)pH3塩酸浸透後のアロフェン質火山灰土表面の構造変化。(Ishiguro, 2005)

20　I　土壌における界面電気現象と農業・環境

写真 I-2　pH 3 塩酸溶液浸透後（1.33m）のアロフェン質火山灰土試料断面。(Ishiguro, 2005)

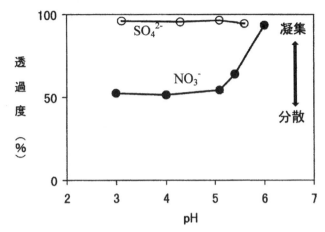

図Ⅰ-8 アロフェン質火山灰土の低 pH 領域での分散凝集に及ぼす硝酸イオンと硫酸イオンの比較。(Ishiguro and Nakajima, 2000 を一部改図)

れの写真も，酸性になって土壌が膨潤して粗間隙が狭くなり，かつ分散した土粒子が狭くなった粗間隙で目詰まりを起こした様子が分かる (Ishiguro, 2005)。

アロフェン質火山灰土B層の低 pH 領域における分散凝集特性を硝酸イオンと硫酸イオンで比較した結果が，図Ⅰ-8である。土壌溶液を振とう静置18時間後に水面下 2.5cm から採取した溶液の可視光透過度を測定した。硫酸イオンでは凝集し，硝酸イオンでは分散した。(Ishiguro and Nakajima, 2000)。これは，硫酸溶液を浸透させると飽和透水係数は低下せず，むしろ若干増加し，硝酸溶液を浸透させると飽和透水係数は低下した (図Ⅰ-5) ことと対応している。硫酸溶液を浸透させた後も，土壌構造は写真Ⅰ-1(a)のような構造を保つが，硝酸溶液では塩酸溶液と同様写真

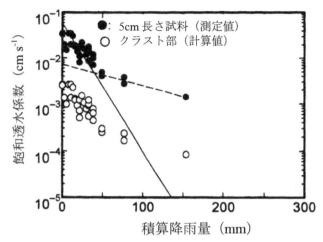

図 I-9 山梨粘土ロームの降雨に伴うクラスト形成と飽和透水係数の変化(宮崎・西村,1997を一部改図)。

I-1(b)のように膨潤分散で構造が変化した。

このように,土壌が分散することにより,透水性が低下する。雨滴が分散しやすい条件の裸地土壌表面に当たると,団粒構造の土壌が雨滴で飛散し,表面にクラストと呼ばれる難透水性の薄層が形成される。図I-9に,宮崎・西村(1997)がまとめた積算降雨量とクラスト層および表層5cmの飽和透水係数の変化を示す。浸透できない雨水は,表面流出水となって,土壌侵食を引き起こすことになる。土壌侵食は,大切な農地の表土を消失させると同時に,栄養塩類を水環境中に排出して水質汚染も引き起こすため,保全対策が必要となる。分散した微細土粒子は,表面流出だけでなく,粗間隙を通して暗渠や地下水中へも吸着した栄養塩類を運搬する場合があるため,注意が必要である。

4. 土壌の分散凝集 23

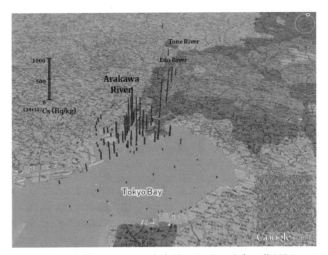

図 I-10 放射性セシウムの東京湾における分布。荒川河口で他の位置と比べて高濃度になっている。(Nakagawa et al., 2012 を一部改図)

2011年3月11日に発生した東日本大震災に伴う福島原子力発電所事故で関東に飛散した放射性セシウムの一部は，東京湾荒川河口に沈殿集積した（図 I-10）(Nakajima et al., 2012)。これは，土壌の分散凝集メカニズムを示す一例である。セシウムは正電荷を持ち，負電荷を持つ2：1型粘土鉱物層間に強く吸着固定する。この集積は，セシウムを吸着固定した粘土が分散し河川水に運ばれた後，河口部で凝集沈殿したためと考えられる。河口部ではイオン濃度が急激に高くなるため，図 I-6 で見られるように，粘土が凝集するのである。ちなみに，海水のイオン濃度は，約 0.6 $mol_c L^{-1}$ だから，図 I-6 の最大濃度より更に凝集しやすい状態にある。これは，電荷により種々のイオン性栄養塩類を吸着した

土壌微細粒子が,海岸の河口部で凝集沈殿し,豊かな漁場を形成する機構と類似している。また,水田では田植え前にしろかきと施肥をし,落水することが多いが,栄養塩類を多量に含んだしろかき濁水が閉鎖性水域に流出して水質汚濁を招くため,各地で対策が検討されてきた(田淵・高村,1985;赤江,1992ab,1994)。ちなみに,Ⅷ章で詳述しているように,放射性セシウムはイライトやバーミキュライト等を主要粘土鉱物に持つ土壌に吸着固定するため,土壌が移動しなければ表層に留まる。その被災地においては,農地の表層に蓄積された放射性セシウムの除染対策が検討されている。このように,種々の栄養塩類や汚染物質の移動に土壌の電荷特性が影響する。

## 5. 吸着状態と分散凝集

前述のように(図Ⅰ-6),イオン濃度が低いと分散しやすく,イオン濃度が高いと凝集しやすい。分散凝集のメカニズムの詳細は,Ⅱ章で述べられるが,これは,土粒子表面を覆うように形成されている拡散電気二重層が,イオン濃度が低いと厚くなり,その状態で2つの土粒子が接近すると,この層の重なりにより静電斥力が働き土粒子が離れて,分散状態が維持されるためである(図Ⅰ-11)(岩田・喜田,1998:岩田,2003)。土粒子間には,静電斥力のほかに分子間引力が働くが,分子間引力は常に一定である。一方,静電斥力はイオン濃度で変化する。イオン濃度が高いと,拡散電気二重層が薄くなり,2つの土粒子が接近しても静電斥力よりも分子間引力が勝ってお互いに引き合い凝集する。拡散電気二重層中では,土粒子の持つ電荷と反対符号の電荷を持つイオン

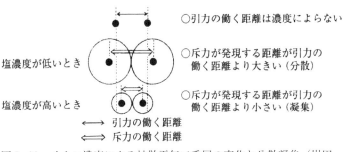

図 I-11 イオン濃度による拡散電気二重層の変化と分散凝集（岩田・喜田,1998；岩田,2003）

（対イオン）が，静電気力で引き付けられると同時に分子の熱運動による拡散力で拡がろうとするため，対イオンは，土粒子表面に近いほど高濃度の分布をしている。溶液がはじめから高濃度だと，土粒子表面の電荷によって形成される電場が高濃度のイオンによって弱められるため，拡散電気二重層が薄くなる。

対イオンがカルシウムイオンとナトリウムイオンの場合を比較すると，カルシウムイオンが2価でナトリウムイオンが1価であるため，カルシウムイオンの方が電気的に引きつけられる力が強い。そのため，ナトリウムイオンの場合よりも拡散電気二重層が薄くなり，凝集しやすくなる。

対イオンが硫酸イオンと硝酸イオンの場合も，2価と1価であるが，その相違を上回って硫酸イオンの凝集効果は大きく，飽和透水係数も低下せずに若干増加した（図 I-5）。これは，硝酸イオンが拡散電気二重層を形成するのに対し，硫酸イオンはほとんどが土粒子表面に直接吸着し，拡散電気二重層をほとんどつくらないためである（Ishiguro and Makino, 2011）。このように，対イ

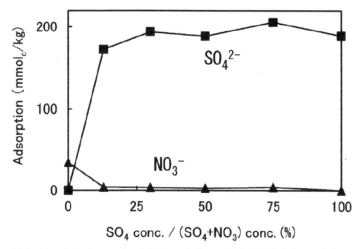

図 I-12 アロフェン質火山灰土（pH3.3, 電解質濃度 1.0mmol$_c$/L, 硫酸と硝酸の混合溶液）中の $SO_4^{2-}$ と $NO_3^-$ 吸着量。(Ishiguro and Makino, 2011)

オンの吸着状態が土壌の分散凝集と土壌構造，透水性に大きな影響を及ぼす。図 I-12 は，溶液中に存在する硫酸イオンと硝酸イオンの割合を変えた時の，それぞれのアロフェン質火山灰土への吸着量を示した図である。土壌表面に直接吸着する硫酸イオンは，硝酸イオンと比べて強く吸着するため，両者が共存する条件においては，硝酸イオンは吸着しにくくなることがわかる。そのため，アロフェン質火山灰土の畑地に硫安を施用すると，硝酸イオンの地下浸透が進み，地下水を汚染しやすくなる。従って，環境保全の視点から，硫安の施用は控えた方がよい（Ishiguro et al., 2003）。

## 6. ゼータ電位と電気的反発ポテンシャルエネルギー

対イオンの吸着状態を直接簡便に測ることは出来ないが，土粒子表面近傍の電位は，電気泳動移動度や流動電位測定から求められる。電気泳動移動度とは，粘土コロイド水溶液に電場をかけた時に，粘土コロイド粒子が移動する速度をそのときの電場で割った値である。Ⅲ章で詳しく述べられるが，電気泳動移動度から求められる電位をゼータ電位と呼ぶ。これは，コロイド粒子表面近傍の電位を示す。アロフェン質火山灰土のゼータ電位を求めた結果を，図Ⅰ-13に示す。硝酸を浸透させたときに，透水係数の減

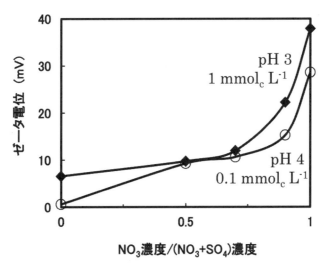

図Ⅰ-13 アロフェン質火山灰土の硝酸・硫酸混合溶液中におけるゼータ電位。横軸の0は硫酸100％，横軸の1は硝酸100％を表す。(Ishiguro et al., 2003を一部改図)

少が激しかった pH3 でのゼータ電位が，pH4 の電位より大きい（図I-13 の横軸1における値）。また，図I-13 の横軸0における硫酸イオンのみの場合のゼータ電位と比較すると明らかに大きな値を示し，電気的効果の強さを示唆する。このゼータ電位を用いて，2つの土粒子が遠方からゼータ電位面まで接近したときの電気的反発ポテンシャルエネルギーを計算した結果を図I-14 に示す。硝酸溶液と硫酸溶液では明らかに前者の方が大きく，硝酸の pH3 と pH4 では前者が大きい。この関係は，飽和透水係数（図I-5）と対応しており，電気的反発ポテンシャルエネルギーが大きくなると，土粒子が互いに接近しても反発しあって分散しやす

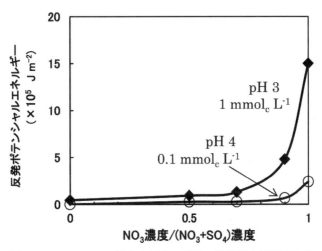

図I-14 アロフェン質火山灰土の硝酸・硫酸混合溶液中における電気的反発ポテンシャルエネルギー。横軸の0は硫酸100%，横軸の1は硝酸100%を表す。(Ishiguro et al., 2003 を一部改図)

くなり，分散した土粒子は粗間隙の水みちに集積して目詰まりを起こし，飽和透水係数が小さくなることがわかる（Ishiguro et al., 2003）。分散凝集の厳密な判定のためには，分子間引力によるポテンシャルエネルギーを加えた全ポテンシャルエネルギーで評価する必要がある。その理論はDLVO理論と呼ばれ，II章で述べられる。

## 7．イオンの電場遮蔽効果とイオン性界面活性剤の吸着

　前述のように，イオン濃度が高くなると，拡散電気二重層が薄くなり，土粒子同士が接近した時の静電斥力が弱くなるため凝集沈殿する（図I-6，図I-11）。拡散電気二重層の圧縮を，イオンによる遮蔽効果と呼ぶ場合がある。これは，高濃度のイオンが，土粒子表面の電荷の影響を弱めるためである。

　イオンによる遮蔽の効果は，腐植酸や土壌への界面活性剤の吸着現象にも表れる。図I-15は，腐植酸へのカチオン性界面活性剤の吸着量を測定した結果を示している。腐植酸は負電荷を持ち，カチオン性界面活性剤は正電荷を持つため，界面活性剤は静電気力で吸着する。この場合の吸着は，静電気力だけでなく，腐植酸と界面活性剤が持つ疎水性部分同士が水分子を嫌って互いに引きつけあう疎水性相互作用でも吸着している。腐植酸にカチオン性界面活性剤が吸着していくと，腐植酸の負電荷は，吸着したカチオン性界面活性剤の正電荷と打ち消しあい，全体として電気的に中性になる点がある。NaCl濃度が高い場合の吸着量は，この電荷ゼロ点よりも小さな界面活性剤平衡濃度においては，NaCl濃度が低い場合の吸着量よりも小さくなる。これは，遮蔽効果によ

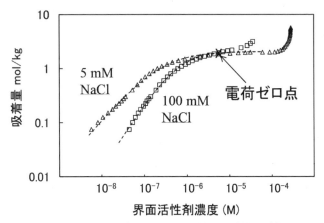

図 I-15 Aldrich 腐植酸へのカチオン性界面活性剤（塩化セチルピリジニウム）吸着に及ぼす NaCl 濃度の影響（Ishiguro et al., 2007 を一部改図）

り，電荷の影響が弱くなり吸着量が少なくなったためである。電荷ゼロ点よりも大きな界面活性剤平衡濃度においては，反対に NaCl 濃度が高い場合の吸着量が，NaCl 濃度が低い場合の吸着量より大きくなっている。界面活性剤が吸着して電気的に中性になった後の腐植酸と界面活性剤の吸着は，疎水性相互作用による吸着で，電気的中性を超えて腐植酸に吸着した界面活性剤の正電荷と吸着しようとする界面活性剤の正電荷の間には反発力が働く。この場合も NaCl 濃度が高いと電場が遮蔽され，電気的反発力が弱まって，NaCl 濃度が低い場合よりも吸着量が大きくなる（Ishiguro et al., 2007）。

図 I-16 は，多腐植質火山灰土へのアニオン性界面活性剤の吸着結果である（Ahmed and Ishiguro, 2015）。この土壌は，負電荷

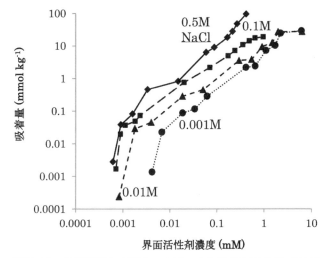

図 I-16 多腐植質火山灰土へのアニオン性界面活性剤（ドデシルベンゼンスルフォン酸ナトリウム）に及ぼすNaCl濃度の影響。(Ahmed and Ishiguro, 2015 を一部改図)

を持ち正電荷が無いため，吸着は土壌の疎水性部分と界面活性剤の疎水性部分で生じる疎水性相互作用による。アニオン性界面活性剤もこの土壌と同じく負電荷を持つため，静電的には両者の間に反発力が働く。NaCl濃度が高いほど，遮蔽効果が大きくなるので，NaCl濃度が高いと静電反発力が弱まって吸着量が大きくなることがわかる。

　界面活性剤は，洗剤の主成分として大量に使用され，放出される化学物質であり，環境中では生態系に影響を及ぼす。一方で，有害有機物で汚染された土壌の洗浄剤としても利用される。農薬にも展着剤として利用されており，その環境中での挙動が利用面

および環境保全面から注視される物質でもある。腐植物質も天然の界面活性物質であり，界面活性剤と土壌の相互作用は，土壌そのものの理解にもつながる。

## 8. 土壌のイオン排除・塩ぶるい効果

負電荷を持つ土粒子表面近傍には，拡散電気二重層が形成されるため，同符号の電荷を持つアニオンは，拡散電気二重層から遠ざけられる。図Ⅰ-17は，負電荷のみを持つ火山灰土表層土に1 mmol$_c$L$^{-1}$の硝酸イオン溶液を浸透させた時の，土壌試料から流出する硝酸イオンの流出濃度曲線である（Ishiguro et al., 2003）。吸着するイオンの場合，図Ⅰ-1のように流出濃度曲線は1 pore volume以上の流出液容積で立ち上がるのに対し，この場合の硝酸イオンの流出濃度曲線は，1 pore volumeにおいて，既に流出液の相対濃度が1近くになっている。吸着もイオン排除もない場合

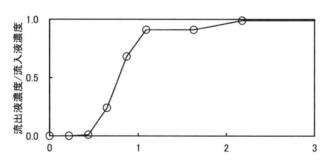

図Ⅰ-17　負電荷のみを持つ火山灰土表層土から1 mmol$_c$L$^{-1}$硝酸イオン溶液流出濃度曲線（Ishiguro et al., 2003を一部改図）

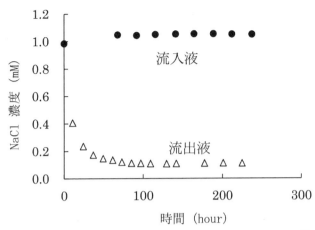

図Ⅰ-18　1 mM NaCl 溶液を 0.5 mm 厚のモンモリロナイト膜に浸透させた時の塩ぶるい効果

の流出濃度曲線は，1 pore volume で流出液の相対濃度がほぼ 0.5 になるように，その前後で濃度が上昇するのだが，図Ⅰ-17 の場合は硝酸イオンが土壌の負電荷のイオン排除効果で早く流出したことがわかる。微細間隙で拡散電気二重層が重なり，アニオンが侵入できない間隙があるために，流出が早まるのである。

図Ⅰ-18 に，0.5 mm 厚のモンモリロナイト粘土膜による塩ぶるい効果を示す。モンモリロナイトは，大きなカチオン交換容量（80-150 cmol$_c$ kg$^{-1}$）と比表面積（600-800 m$^2$ g$^{-1}$）を持ち，拡散電気二重層が良く形成されるため，低電解質濃度において良く分散・膨潤する。粘土層間で拡散電気二重層が重なり合うと，図Ⅰ-18 のように塩ぶるい効果が起こる。高圧をかけてモンモリロナイト膜に浸透させた塩化ナトリウム 1 mmol$_c$ L$^{-1}$ 溶液の流出液の

濃度は，流入液の10％の濃度になっている。$Cl^-$が間隙中に流入できず，$Na^+$も流出液の電気的中性条件を満たさねばならないために$Cl^-$とともにふるい分けられて，イオンの流出が制限される。海水の淡水化に用いられる逆浸透膜が，水のみを通しイオンを通さないのと同様に，粘土膜が逆浸透膜と同様の働きをするのである。ただし，粘土膜の場合は，NaCl濃度が高くなると，塩ぶるい効果は低下する。膜によって溶質が排除される割合を，溶質分離率＝(流入液濃度－流出液濃度)/(流出液濃度) x 100 (％) として表されるが，この値は，NaCl流入液濃度$1\,mmol_cL^{-1}$で90％であったが，NaCl流入液濃度$10\,mmol_cL^{-1}$で85％，NaCl流入液濃度$100\,mmol_cL^{-1}$で50％となった。これは，NaCl濃度が高くなると遮蔽効果により拡散電気二重層が圧縮されるため，塩ぶるい効果が小さくなることを示している (Ishiguro et al., 1995)。

粘土層中の等温条件における移動現象は，層の両端の水圧差$\Delta P$，浸透圧差$\Delta \pi$，電位差$\Delta V$に規定される。図Ⅰ-19は，モンモリロナイト粘土薄層両端にそれぞれ$1\,mmol_cL^{-1}$と$0.1\,mmol_cL^{-1}$ NaCl溶液を接して濃度差を与え，正味の溶液の流れを0に設定した時の水圧差$\Delta P$，濃度差$\Delta C$，電位差$\Delta V$の変化を測定した結果である (Elrick et al., 1976)。粘土層間の濃度差が，水圧差と電位差に変化を及ぼすことがわかる。Groeneveltら (1978) は，不可逆過程の熱力学から導かれる次の現象論的方程式を用いて，この現象を考察した。

$$j_V = L_V F_V + L_{VD} F_D + L_{VE} F_E \tag{2}$$

$$j_D = L_{VD} F_V + L_D F_D + L_{DE} F_E \tag{3}$$

$$I = L_{VE} F_V + L_{DE} F_D + L_E F_E, \tag{4}$$

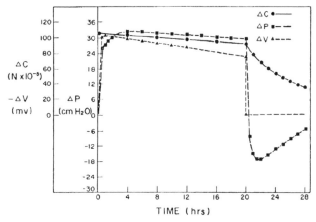

図Ⅰ-19 モンモリロナイト粘土薄層間の濃度差 $\Delta C$, 水圧差 $\Delta P$, 電位差 $\Delta V$ の時間変化 (Elrick et al., 1976)

ここで, $j_V$ は水のフラックス, $j_D$ はイオンのフラックス, $I$ は電流, $L$ は現象論的係数, $F_V = -\Delta P/\Delta X$, $F_D = -\Delta \pi/\Delta X$, $F_E = -\Delta V/\Delta X$, $\Delta X$ は粘土薄層の厚さ。粘土中で生じる塩ぶるい効果や移動現象は, この式で表されるように水圧, 浸透圧, 電圧による駆動力を受ける結合現象である (Katchalsky and Curran, 1965; Iwata, 1995)。

このように, 土壌・粘土中でのイオン排除・塩ぶるい現象は, 科学的に興味深く, また, 水質浄化や環境中での物質循環とも関連して, 今後の技術展開の可能性を秘めている。

## 9. おわりに

土壌の電荷は, イオン性物質の吸着移動を規定する。イオンの吸着状態は, 土壌構造・分散凝集に影響し, 土壌の透水性や土壌

侵食と関係することを示した。土壌の界面電気現象は，土壌のイオン排除・塩ぶるい効果等に見られるように，科学的にも興味深い。人類がこれからも豊かな自然の恵みを授かり，生存していくためには，持続的な農業と良好な環境の維持が必要である。土壌の界面電気現象に関する知識が様々な面で活用できると考えられる。そのような取り組みの例として，Ⅶ章およびⅧ章では，汚染土壌の修復技術について紹介されている。

# 文　　献

Ahmed, F. and Ishiguro, M. 2015. Effect of adsorption site potential on adsorption of sodium dodecylbenzene sulfonate in highly humic volcanic ash soil. *Soil Sci. Plant Nutrition*, in press

赤江剛夫　1992a．代掻き濁水の塩添加による凝集条件；代掻き濁水のカルシウム塩添加による凝集沈降浄化法(1)．土壌の物理性，64，37-44．

赤江剛夫　1992b．代掻き濁水の凝集沈降剤の検索と施用法の検討；代掻き濁水のカルシウム塩添加による凝集沈降浄化法(2)．土壌の物理性，64，45-52．

赤江剛夫　1994．現地試験による石膏の代掻き濁水浄化効果の検討；代掻き濁水のカルシウム塩添加による凝集沈降浄化法(3)．土壌の物理性，69，45-52．

Bolt, G. H. and Bruggenwert, M. G. M. 1976. Soil chemistry A. Basic elements. Elsevier, Amsterdam. 訳書：土壌の化学，1980，学会出版センター，東京．

Elrick, D. E., Smiles, D. E., Baumgartner, N. and Groenevelt, P. H. 1976. Coupling Phenomena in Saturated Homo-ionic Montmorillonite: I. Experimental. *Soil Sci. Soc. Am. J.*, **40**, 490-491.

Groenevelt, P. H., Elrick, D. E. and Blom, T. J. M. 1978. Coupling

Phenomena in Saturated Homo-ionic Montmorillonite : III. Analysis. *Soil Sci. Soc. Am. J.*, **42**, 671-674.

Ishiguro, M., 2005. Ion transport and permeability in an allophanic andisol at low pH. *Soil Sci. Plant Nutrition*, **51**, 637-640.

Ishiguro, M. 1992. Ion transport in soil with ion exchange reaction : Effect of distribution ratio. *Soil Sci. Soc. Am. J.*, **56**, 1738-1743.

Ishiguro, M. and Nakajima, T. 2000. Hydraulic conductivity of an allophanic Andisol leached with dilute acid solutions. *Soil Sci. Soc. Am. J.*, **64**, 813-818.

Ishiguro, M. and Makino, T. 2011. Sulfate adsorption on a volcanic ash soil (allophanic Andisol) under low pH conditions. *Colloids and Surfaces A*, **384**, 121-125.

Ishiguro, M., Tan, W. and Koopal, L. K. 2007. Binding of cationic surfactants to humic substances. *Colloids and Surfaces A*, **306**, 29-39.

Ishiguro, M., Song, K-C. and Yuita, K. 1992. Ion transport in an allophanic andisol under the influence of variable charge. *Soil Sci. Soc. Am. J.*, **56**, 1789-1793.

Ishiguro, M., Matsuura, T. and Detellier, C. 1995. Reverse osmosis separation for a montmorillonite membrane, *J. Membrane Sci.*, 107, 87-92.

Ishiguro, M., Manabe, Y., Seo, S. and Akae, T. 2003. Nitrate transport in volcanic ash soil of A and B horizons affected by sulfate. *Soil Sci. Plant Nutrition*, **49**, 249-254.

石黒宗秀・岩元亮一・石田智之・赤江剛夫　2001．児島湖底土の飽和透水係数に及ぼす土壌溶液 pH の影響．農土論集，**216**，65-70.

Iwata, S. 1995. Flow of solutions through clay layers. In S. Iwata, T. Tabuchi and B. P. Warkentin (ed.) Soil-water interactions, p. 198-228. Marcel Dekker, New York.

岩田進午　2003．今，なぜ，土のコロイド科学なのか．足立泰久・岩田進午編　土のコロイド現象，p. 1-14，学会出版センター，東京．

岩田進午　1985．土のはなし．大月書店，東京．

岩田進午・喜田大三　1998．土のコロイド現象の基礎と応用（その１）；今，なぜ，土のコロイド科学なのか．農土誌，**66**，75-81.

Katchalsky, A. and Curran, P. F. 1965. Nonequilibrium thermodynamics in biophysics. Harvard Univ. Press, Cambridge. 訳書:生物物理学における非平衡の熱力学, 1975, みすず書房, 東京.

宮崎毅・西村拓 1997. 降雨浸透Ⅳ. 傾斜地における降雨浸透. 日本水文科学会誌, **27**, 197-204.

Nakagawa, T. and Ishiguro, M. 1994. Hydraulic conductivity of an allophanic andisol as affected by solution pH. *J. Environ. Qual.*, **23**, 208-210.

Nakagawa, R., Ishida, M., Baba, D., Tanimoto, S., Okamoto, Y. and Yamazaki, H. 2012. Spatiotemporal distribution of radioactive cesium released from Fukushima Daiichi Nuclear Power Station in the sediment of Tokyo Bay, Japan. *Proc. Int. Symp. on Environ. Monitoring and Dose Estimation of Residents After Accident of TEPCO's Fukushima Daiichi Nuclear Power Stations*, 133-136.

田淵俊雄・高村義親 1985. 集水域からの窒素・リンの流出. p. 119, 東京大学出版会, 東京.

# II 拡散電気二重層とDLVO理論の基礎

鈴木　克拓

1．はじめに
2．電荷・電場・電位の関係
3．拡散電気二重層
4．2粒子間の相互作用
　4-1　帯電平板間に働く静電相互作用
　4-2　ファンデルワールス相互作用
　4-3　デリャーギン近似
5．DLVO理論
6．おわりに

---

Principles of diffuse electric double layer and DLVO theory

Katsuhiro SUZUKI

## 1. はじめに

Ⅰ章で述べられたように,土粒子の持つ電荷は土壌中で生起する様々な現象と関連している。土粒子表面近くには,その電荷と反対符号のイオン(対イオン)が吸着するが,それは不均一な濃度分布をとる。この吸着イオン層を拡散電気二重層という。土壌の構造変化,懸濁物質の流出,侵食などに関連する土粒子の分散・凝集は拡散電気二重層が密接に関係する。本章では,まず,界面電気現象の基礎となる電荷・電場・電位の関係について整理する。次に,拡散電気二重層中のイオン分布と電位について記述する。そして,粒子同士が接近するときに,拡散電気二重層の重なりによって生じる静電相互作用の斥力と,粒子間に生じるファンデルワールス相互作用の引力について記述する。そして,粒子の分散・凝集を規定する静電相互作用とファンデルワールス相互作用を組み合わせた DLVO (Derjaguin-Landau-Verwey-Overbeek) 理論を紹介する。

## 2. 電荷・電場・電位の関係

はじめに,電荷が互いに及ぼし合う力について考える。真空中に2つの点電荷 $q_1$, $q_2$ (電荷量 $q_1$, $q_2$ C) があるとき (図Ⅱ-1),$q_1$ が $q_2$ から受ける力 $\boldsymbol{F}_{12}$ はクーロンの法則

$$\boldsymbol{F}_{12} = \frac{q_1 q_2}{4\pi\varepsilon_0 |\boldsymbol{r}_{12}|^2} \left(\frac{\boldsymbol{r}_{12}}{|\boldsymbol{r}_{12}|}\right) = q_1 \underbrace{\frac{q_2}{4\pi\varepsilon_0 |\boldsymbol{r}_{12}|^2} \left(\frac{\boldsymbol{r}_{12}}{|\boldsymbol{r}_{12}|}\right)}_{E_2} = q_1 \boldsymbol{E}_2 \tag{1}$$

で表される。式中の $\boldsymbol{F}$, $\boldsymbol{r}$, $\boldsymbol{E}$ などのボールドイタリック書体の記

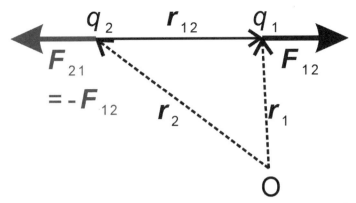

図Ⅱ-1 クーロンの法則における電荷,位置ベクトルと力の関係の模式図($q_1$ と $q_2$ が同符号の場合の例)。

号は向きと大きさを持つベクトルであることを表す。ここで $r_{12}$ は $q_2$ から見た $q_1$ の位置ベクトル, $\varepsilon_0$ は真空の誘電率 ($8.85 \times 10^{-12} \mathrm{Fm^{-1}} = \mathrm{CV^{-1}m^{-1}}$) である。式1の見方を変えると,質点 $m$ が重力場 $g$ の作用を受ける場合の $F = mg$ と同様に,点電荷 $q_1$ は $q_2$ が作る電場 $E_2$ の作用を受けていると解釈できる。電場は文字通り,電荷が作る「場」であり,ある場所の電場 $E$ ($\mathrm{NC^{-1}}$) はそこに置かれた +1C の電荷が受ける力として定義される。マクスウェル方程式では

$$\nabla \cdot E = \frac{\rho}{\varepsilon_0} \tag{2}$$

($\rho$ は電荷密度, $\nabla$ は演算子で $\nabla \cdot E = \frac{\partial E_x}{\partial x} + \frac{\partial E_y}{\partial y} + \frac{\partial E_z}{\partial z}$, $E$ の下付き文字は3次元の場合の $E$ の各方向の成分)
と表される。

真空でないところでは,これまでの式で用いた真空の誘電率 $\varepsilon_0$ に比誘電率 $\varepsilon_r$ を掛けた $\varepsilon_r\varepsilon_0$ を用いる。室温の水の場合,比誘電率 $\varepsilon_r$ は約 80 である。これは式 1 から,同じ電荷が作った電場であっても水中では真空中の 80 分の 1 に弱められることを示す。水の高い比誘電率は水分子の正電荷と負電荷の重心が異なることにより生じる電気双極子に加えて,集合体としての水分子間の水素結合の作用に因る(赤岩ら,1991)。また,本章での拡散電気二重層の議論は,帯電面に垂直な方向の一次元で行うため,マクスウェル方程式は以下のようになる。

$$\frac{dE(x)}{dx} = \frac{\rho(x)}{\varepsilon_r\varepsilon_0} \tag{3}$$

ここで,$\rho(x)$ は位置 $x$ における電荷密度($Cm^{-3}$)である。

電場 $E(x)$ には

$$E(x) = -\frac{d\psi(x)}{dx} \tag{4}^{注}$$

を満たす関数 $\psi(x)$ が存在し,電位(V)と呼ばれる。単純に言えば,電位の勾配が電場である($Vm^{-1} = NC^{-1}$)。右辺にマイナスが付いているのは,正電荷は電位が低下する向きに移動し,逆向きに動かすには仕事をしなければならないことを示している。これと式 3 から,

$$\frac{d^2\psi}{dx^2} = -\frac{\rho(x)}{\varepsilon_r\varepsilon_0} \tag{5}$$

となる。これが電位と電荷の関係を表すポアソンの式で,今後の議論に用いられる重要な式である。

注 一般に,外力 $F(x)$ とポテンシャルエネルギー $\varphi(x)$ の間には

$$F(x) = -\frac{d\varphi(x)}{dx}$$

の関係がある。すなわち,ポテンシャルエネルギーの距離に対する勾配の負値が外力となる。重力場に置いた質量 $m$ の物質の場合, $F(x) = -mg$, $\varphi(x) = mgx$ ($g$ は重力加速度の大きさ)である。この式では,位置 $x$ にある +1C の電荷にかかる外力が電場に,位置 $x$ のポテンシャルエネルギーが電位に対応する。

## 3. 拡散電気二重層

粘土鉱物をはじめとする粒子の表面は帯電していることが多い。

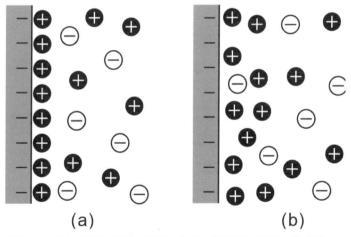

図Ⅱ-2 負に帯電した面の近傍に生成する電気二重層の模式図。この場合,陽イオンが対イオンである。(a)は熱運動がない仮想的な状態,(b)は熱運動のため拡散電気二重層を形成している状態を示す。

ここでは，濃度 $n$ （m$^{-3}$）の対称型電解質（陽イオンと陰イオンの価数が同じ NaCl など）溶液が表面電荷密度 $\sigma$（Cm$^{-2}$）の帯電面に接する場合を考える。帯電面にはそれと逆符号の電荷を持つ溶液中のイオン（対イオン）が引き寄せられ，同符号のイオンが遠ざけられることにより電気二重層が形成される（図II-2）。このとき，溶液中のイオンは熱運動をしており，これと静電力が釣り合った状態であるため，電気二重層の溶液側は不均一で，「拡散電気二重層」と呼ばれる状態にある。このときの電位分布は，$x$ を帯電面からの距離として，ポアソンの式（式5）を解けば求まる。この時，電気的中性条件から，帯電面の表面電荷と溶液中の全電荷は釣り合っていなければならないため，この条件と式5から式6が導かれる。

$$\sigma = -\int_0^\infty \rho(x)\,dx = \varepsilon_r\varepsilon_0 \int_0^\infty \left(\frac{d^2\psi}{dx^2}\right)dx$$

$$= \varepsilon_r\varepsilon_0 \underbrace{\left(\frac{d\psi}{dx}\right)_{x=\infty}}_{0} - \varepsilon_r\varepsilon_0\left(\frac{d\psi}{dx}\right)_{x=0} \tag{6}$$

帯電面から十分離れた所ではその影響は及ばず，電位も電位勾配も0である。従って，境界条件は

$$\left(\frac{d\psi}{dx}\right)_{x=+0} = -\frac{\sigma}{\varepsilon_r\varepsilon_0} \tag{7}$$

である。

しかし，イオンの分布が不明のため，電荷密度の分布 $\rho(x)$ は分からず，このままでは式5は解けない。そこで，イオン濃度と電位の関係を求めるために，個々のイオンのエネルギー状態を表

す電気化学ポテンシャル$\mu$を導入する。$x$にある陽イオンの電気化学ポテンシャル$\mu_+(x)$は，

$$\mu_+(x) = \mu_+^\circ + kT\ln n_+(x) + ve\psi(x) \tag{8}$$

と表される。ここで$\mu_+^\circ$は標準状態における陽イオンの化学ポテンシャルで定数，$k$はボルツマン定数（$1.38\times 10^{-23}\mathrm{JK}^{-1}$），$T$は絶対温度（K），$n_+(x)$は$x$における陽イオン濃度，$v$はイオンの価数，$e$は電気素量（電子・陽子など荷電素粒子の電荷の絶対値，$1.60\times 10^{-19}$C）である。電気化学ポテンシャルのうち，$\mu_+^\circ + kT\ln n_+(x)$が化学ポテンシャル，$+ve\psi(x)$が電位と電荷を掛けた電気的なポテンシャルである。平衡状態では，$\mu_+(x)$はどこでも同じであるため，帯電面から無限遠の位置を考える。そこでは帯電面の影響が及ばないため，電位$\psi(\infty)$は0で，陽イオン濃度$n_+(\infty)$は$n$である。すなわち，

$$\mu_+(x) = \mu_+^\circ + kT\ln n_+(x) + ve\psi(x) = \underbrace{\mu_+^\circ + kT\ln n}_{x=\infty} \tag{9}$$

となる。陰イオンの電気化学ポテンシャル$\mu_-(x)$も同様だが，電荷が負なので電気的なポテンシャルは$-ve\psi(x)$で，

$$\mu_-(x) = \mu_-^\circ + kT\ln n_-(x) - ve\psi(x) = \mu_-^\circ + kT\ln n \tag{10}$$

となる。式9，10をそれぞれ$n_+(x)$，$n_-(x)$について解くと，

$$n_+(x) = n\exp\left(-\frac{ve\psi(x)}{kT}\right) \tag{11}$$

$$n_-(x) = n\exp\left(\frac{ve\psi(x)}{kT}\right) \tag{12}$$

のように，電位とイオン濃度の関係が求められる。これを用いて，ポアソンの式を解くのに必要な$x$における電荷密度$\rho(x)$を求め

$\rho(x)$ は陽・陰両イオンの電荷の和

$$\rho(x) = ven_+(x) - ven_-(x) \tag{13}$$

である。これに式 11, 12 を代入すると $x$ における電荷密度 $\rho(x)$ が求まる。

$$\rho(x) = ven\left[\exp\left(-\frac{ve\psi(x)}{kT}\right) - \exp\left(\frac{ve\psi(x)}{kT}\right)\right] \tag{14}$$

これをポアソンの式（式 5）に代入し，拡散電気二重層内の電位分布を求める微分方程式を得る。

$$\frac{d^2\psi}{dx^2} = -\frac{ven}{\varepsilon_r\varepsilon_0}\left[\exp\left(-\frac{ve\psi(x)}{kT}\right) - \exp\left(\frac{ve\psi(x)}{kT}\right)\right] \tag{15}$$

この式はポアソン―ボルツマンの式と呼ばれ，界面電気現象における基本式の一つである。

この微分方程式の近似解を求める。表面電荷密度 $\sigma$ が低く，従って電位 $\psi$ も低く，

$$\frac{ve|\psi(x)|}{kT} \ll 1$$

の場合，式 15 は以下のようになる。

$$\frac{d^2\psi}{dx^2} = \kappa^2\psi \tag{16}$$

$$\kappa = \left(\frac{2nv^2e^2}{\varepsilon_r\varepsilon_0 kT}\right)^{1/2} \tag{17}$$

これを解くと，拡散電気二重層内の電位分布が得られる。

$$\psi(x) = \psi_0\exp(-\kappa x) \tag{18}$$

$$\psi_0 = \frac{\sigma}{\varepsilon_r\varepsilon_0\kappa} \tag{19}$$

3. 拡散電気二重層　47

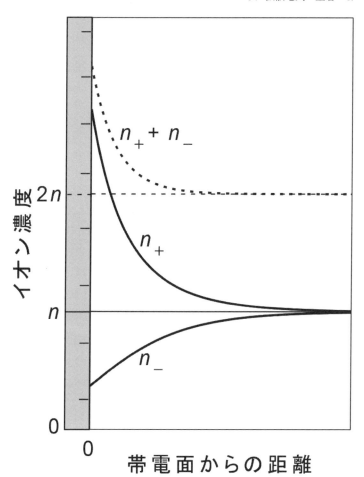

図II-3　式 11, 12 および 18 に基づく負に帯電した面近傍における陽イオン，陰イオン（実線）および全イオン濃度分布（点線）。この場合，陽イオンが対イオンである。

ここで，$\phi_0$ は $x=0$ における電位で，表面電位と呼ばれる。NaClのような1：1型電解質溶液の場合，室温で $|\phi_0| \lesssim 25\mathrm{mV}$ ならば良い近似である（近藤ら，1992）。図II-3にこれに基づいた負に帯電した面の近傍におけるイオン分布を示す。この帯電面近傍では，面の負電荷に引き寄せられた陽イオンの濃度が上がり，逆に陰イオンの濃度が下がる。結果として，全イオン濃度は面近傍で上がっている。このことが後述する2帯電平板間の相互作用において役割を果たすことになる。

ここで，$\kappa$（式17）はデバイ—ヒュッケルのパラメーターと呼ばれる。また，この逆数 $\kappa^{-1}$ は長さの次元をもち，デバイの長さと呼ばれる。25℃の1：1電解質溶液の場合，$0.1\,\mathrm{mol\,dm^{-3}}$ では約$1\mathrm{nm}$，$0.01\,\mathrm{mol\,dm^{-3}}$ では約$3\mathrm{nm}$ である。これは拡散電気二重層の厚さを特徴付ける値で，拡散電気二重層の電位分布を示した図II-4において $\phi(x)$ と $\phi=0$ に囲まれた部分の面積が $\phi_0$ と $1/\kappa$ を2辺とする長方形の面積に等しい。式19は拡散電気二重層が電位差 $\phi_0$，誘電率 $\varepsilon_r\varepsilon_0$，極板間距離 $1/\kappa$ のコンデンサと等価であることを示している。ここでは対称型電解質の場合を説明したが，一般的な電解質については，イオン強度 $I$

$$I=\frac{1}{2}\sum_i c_i v_i^2 \tag{20}$$

（ここで，$v_i$ はイオン種 $i$ の価数，$c_i$ はモル濃度（$\mathrm{mol\,dm^{-3}}$））を用いると，$\kappa$ は

$$\kappa=\left(\frac{2000N_\mathrm{A}e^2 I}{\varepsilon_r\varepsilon_0 kT}\right)^{1/2} \tag{21}$$

と表される。ここで，$N_\mathrm{A}$ はアボガドロ数である。

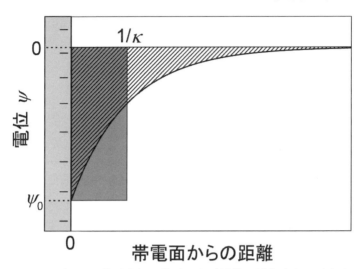

図II-4 式18に基づく負に帯電した面近傍の電位分布。$\psi(x)$ と $\psi=0$ で囲まれた部分の面積(斜線部)と $\psi_0$ と $1/\kappa$ を2辺とする長方形(灰色部)の面積は等しい。

なお,式15の厳密解は以下の通りである(近藤ら,1992)。

$$\psi(x) = \frac{2kT}{ve}\ln\left[\frac{1+\gamma\exp(-\kappa x)}{1-\gamma\exp(-\kappa x)}\right] \tag{22}$$

$$\psi_0 = \frac{2kT}{ve}\sinh^{-1}\left[\frac{\sigma}{(8n\varepsilon_r\varepsilon_0 kT)^{1/2}}\right] \tag{23}$$

ここで,

$$\gamma = \tanh\left(\frac{ve\psi_0}{4kT}\right) \tag{24}$$

である。

## 4. 2粒子間の相互作用

前節では，1つの帯電面に形成する拡散電気二重層について考えたが，ここからは粒子の分散・凝集に関わる2粒子間の相互作用を考える。後述するように，DLVO理論では，2粒子間の静電相互作用とファンデルワールス相互作用によって分散・凝集特性を説明している。そこで，平板間に働くこれら2つの相互作用と，実際の粒子の挙動をより的確に説明するために，2平板間の相互作用を用いて球状粒子間の相互作用を近似するデリャーギン近似を紹介する。

### 4-1 帯電平板間に働く静電相互作用

はじめに1枚の帯電面に働く表面電荷由来の力を考える。それは，帯電面近傍に多く存在する対イオンにより帯電面が静電的に引っ張られる力（逆に，溶液中の対イオンは帯電面に引っ張られる）でマクスウェル張力（$T_{MAX}$）と呼ばれるものと，帯電面近傍にイオンが集まることにより高まる浸透圧（$P_{OSM}$）により帯電面が押される力である（図II-5）。

次に間隔が$h$に置かれた2枚の同種の帯電平板間に働く力を考える。ここでは，2枚の帯電平板の中点について計算する。2板間の距離が無限大から$h$まで近づくときの中点における圧力の変化$P(h)$は，平板からの距離$x$におけるマクスウェル張力と浸透圧をそれぞれ$T_{MAX}(x)$，$P_{OSM}(x)$とすると，

$$P(h) = (P_{OSM}(h/2) - T_{MAX}(h/2))$$
$$- (P_{OSM}(\infty) - T_{MAX}(\infty)) \tag{25}$$

である。ここで，中点では2板由来の電場は同じ大きさで反対向

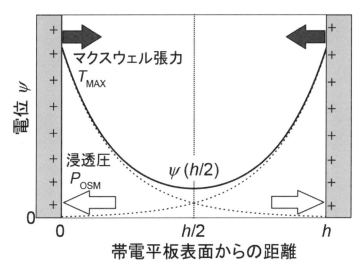

図II-5 正に帯電した平板に働く電荷由来の力と2帯電平面間(実線)およびそれぞれの平板由来の電位分布(点線)。

きであるため打ち消し合い,電場 $E$ は 0 となり,式 1 から $T_{\mathrm{MAX}}$ は 0 になる。従って,2 帯電平板間の圧力は

$$P(h) = P_{\mathrm{OSM}}(h/2) - P_{\mathrm{OSM}}(\infty) \tag{26}$$

となり,浸透圧のみ計算すればよいことになる。

$P_{\mathrm{OSM}}(\infty)$ は帯電平板の影響が及ばない状態であるため,各イオンの濃度を $n$ とした時の浸透圧

$$P_{\mathrm{OSM}}(\infty) = [n_+(\infty) + n_-(\infty)] kT = 2nkT \tag{27}$$

である。一方,$P_{\mathrm{OSM}}(h/2)$ は,式 11, 12 から

$$\begin{aligned}P_{\mathrm{OSM}}(h/2) &= [n_+(h/2) + n_-(h/2)] kT \\ &= n\left[\exp\left(-\frac{ve\psi(h/2)}{kT}\right) + \exp\left(\frac{ve\psi(h/2)}{kT}\right)\right] kT\end{aligned} \tag{28}$$

である。式 27 および 28 を式 26 に代入すると，

$$P(h) = n\left[\exp\left(-\frac{ve\psi(h/2)}{kT}\right) + \exp\left(\frac{ve\psi(h/2)}{kT}\right) - 2\right]kT$$
$$= n\left[\exp\left(\frac{ve\psi(h/2)}{2kT}\right) - \exp\left(-\frac{ve\psi(h/2)}{2kT}\right)\right]^2 kT \geq 0 \quad (29)$$

となり，2 枚の帯電平板間には常に正の圧力，すなわち斥力が働くことが分かる。しかも，我々の直感とは異なり，その力は 2 枚の帯電平板上にある同符号の電荷間の静電斥力ではなく，2 つの拡散電気二重層が重なり，その部分の全イオン濃度が高まることによる浸透圧の上昇に由来する。ここで 2 平板間の中点の電位 $\psi(h/2)$ は各平板が単独で存在したときの平板から距離 $h/2$ の位置における電位の和で，その値は低いと近似して式 22 と式 29 を用いると，2 平板間に掛かる圧力，すなわち単位面積あたりの静電相互作用による力は

$$P(h) = 64\gamma^2 nkT \exp(-\kappa h) \quad (30)$$

となる。力 $P$ とポテンシャルエネルギー $V$ との関係は

$$V(h) = -\int_{\infty}^{h} P(x)\,\mathrm{d}x \quad (31)$$

なので，間隔 $h$ の 2 帯電平板間の単位面積あたりの静電相互作用のポテンシャルエネルギーは以下のようになる。

$$V(h) = \frac{64\gamma^2 nkT}{\kappa}\exp(-\kappa h) \quad (32)$$

## 4-2 ファンデルワールス相互作用

2 粒子間に働くもう 1 つの相互作用を考える。電気的に中性で無極性の分子であっても電子雲の揺らぎによって，瞬間的には電

荷の偏りが生じる。その際に生じた電気双極子が他方の分子に影響を及ぼす。一方の分子で電荷が偏ると，電荷が負になった側に面する他方の分子の面の電荷が正，反対側が負になるような双極子が誘起される。これと最初の双極子との相互作用により引力が生じる。これはファンデルワールス相互作用と呼ばれ，距離$r$にある2分子間のポテンシャルエネルギーは

$$V(r) = -\frac{\lambda}{r^6} \tag{33}$$

である。ここで，$\lambda$は定数である。ヘリウムが液体になるのはこの相互作用に因る。この場合，ファンデルワールス相互作用はポテンシャルエネルギーが距離の$-6$乗に比例する短距離力である。しかし，この相互作用には加成性があるため，巨大な粒子では相互作用が長距離にまで及ぶ。式の導出は成書（近藤ら，1992など）を参照されたいが，例えば，距離$h$を隔てた1分子と無限大・無限厚の平板との間に働くファンデルワールス相互作用のポテンシャルエネルギーは

$$V(h) = -\frac{\pi N \lambda}{6} \frac{1}{h^3} \tag{34}$$

と，距離の$-3$乗に比例する。ここで，$N$は平板中の分子の数密度（m$^{-3}$）である。また，間隔$h$の無限大・無限厚の2平板間に働く単位面積あたりのファンデルワールス相互作用のポテンシャルエネルギーは

$$V(h) = -\frac{\pi N^2 \lambda}{12} \frac{1}{h^2} = -\frac{A}{12\pi h^2} \tag{35}$$

であり，距離の$-2$乗に比例する。ここで，$A = \pi^2 N^2 \lambda$はハマカー

定数と呼ばれ,エネルギーの次元を持つ,ファンデルワールス相互作用を特徴付ける値である。

### 4-3 デリャーギン近似

ここまでは平板間の相互作用について説明したが,粒子は球状である場合も多い。そこで,平板間の相互作用から球状粒子間の相互作用を近似的に求めるデリャーギン近似を紹介する。半径 $a$ の2つの球状粒子が径に比べて十分小さい最近接距離 $H$($H \ll a$)を隔てて存在する場合を考える。図II-6のように $h$ を2つの球の中心を結ぶ線に平行な表面間距離とし,$h$ 方向に垂直な円筒極座標 $r$ を取ると,$h(r)$ は

$$h(r) = H + 2a\left(1 - \sqrt{1 - \frac{r^2}{a^2}}\right) \approx H + \frac{r^2}{a} - \cdots \tag{36}$$

と表される。$h(r)$ を $r$ で微分すると,

$$dh = \frac{2r}{a} dr \tag{37}$$

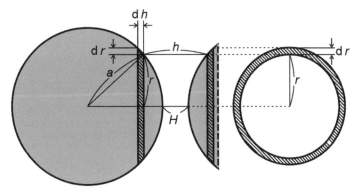

図II-6 デリャーギン近似の概要。

となる。2球状粒子間の相互作用は，両粒子を半径 $r$, 幅 $dr$, 面積 $2\pi r dr$ の円環に分割し，向かい合う2つの円環間の相互作用を粒子全体にわたって積分すれば求まる。

$$V = 2\pi \int_0^a V_{\text{plane}}(h) r dr \tag{38}$$

ここで，$V_{\text{plane}}(h)$ は間隔 $h$ の2平板間の単位面積あたりの相互作用である。式37を用いて式38の変数を $r$ から $h$ に変換する。ここで式36から，$h$ の積分区間は $H$ から $H+a$ までであるが，$H \ll a$ なので，積分区間の終点は無限遠に位置していると見なすと，

$$V(H) = \pi a \int_H^\infty V_{\text{plane}}(h) dh \tag{39}$$

となる。この式を用いて単位面積あたりの平板間の相互作用から2球状粒子間の相互作用が求められる。この式はポテンシャルエネルギーにも力にも適用できる。

最近接距離 $H$ にある半径 $a$ の2球状粒子間の静電相互作用のポテンシャルエネルギーは平板間の相互作用の式32と39から，

$$V(H) = \frac{64\pi a \gamma^2 n kT}{\kappa^2} \exp(-\kappa H) \tag{40}$$

となり，式32に $\pi a/\kappa$ が掛かるだけである。

一方，ファンデルワールス相互作用は式35と39から

$$V(H) = -\frac{Aa}{12H} \tag{41}$$

となり，球状粒子間ではポテンシャルエネルギーが距離の $-1$ 乗に比例する長距離力になる。

## 5．DLVO 理論

前節で述べた静電相互作用による斥力とファンデルワールス相互作用による引力が 2 粒子間に働く主要な相互作用であり，これらによって粒子の分散・凝集特性が決まる。Derjaguin and Landau（1941）と Verwey and Overbeek（1948）はそれぞれ独立して研究を行い，粒子の分散・凝集特性を理論的に説明した。各人の名前の頭文字から DLVO 理論と呼ばれる。最近接距離 $H$ にある半径 $a$ の 2 球状粒子間の相互作用のポテンシャルエネルギー $V(H)$ は静電相互作用（式 40）とファンデルワールス相互作用（式 41）の和

$$V(H) = \frac{64\pi a \gamma^2 n k T}{\kappa^2} \exp(-\kappa H) - \frac{Aa}{12H} \qquad (42)$$

で表される。式 42 に基づく例を図Ⅱ-7 に示す。図中左にピークのある実線に見られるように，$V(H)$ には深浅 2 つの極小とその間に極大 $V_{max}$ がある。これらポテンシャルエネルギー曲線の距離に対する勾配が粒子間にかかる力を示す。この曲線の正の勾配は引力，負の勾配は斥力になる。また，ポテンシャルエネルギーが小さいほど安定な状態となる。距離 $H$ が大きい側の極小（二次極小）は，小さい側の極小（一次極小）と異なり比較的浅いため，可逆的な凝集であり，エネルギーを与えることにより再分散する。一方，2 粒子が接触し，不可逆な凝集が生じるには，このエネルギー障壁 $V_{max}$ を乗り越えなければならない。式 17 から，塩濃度 $n$ が上昇すると $\kappa$ が上昇し，拡散電気二重層の厚さの指標となる $\kappa^{-1}$ は減少する。すなわち，拡散電気二重層が圧縮され，

## 5. DLVO理論

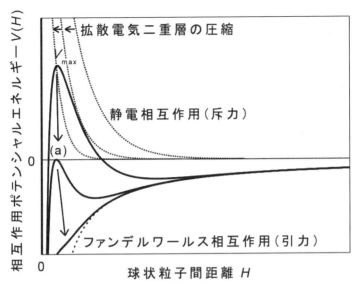

図Ⅱ-7 式42に基づく2球状粒子間の相互作用（実線），そのうち静電相互作用（点線）およびファンデルワールス相互作用（破線）のポテンシャルエネルギー曲線。3本の実線および点線は，低濃度から臨界凝集塩濃度を経て高濃度に至る変化を示す。

静電相互作用の作用距離は減少する。これに対し，ファンデルワールス相互作用は塩濃度が変わっても変化しない。そのため，塩濃度が上昇すると $V_{max}$ が低下し，やがて粒子がこの障壁を越えられる程度にまで低くなると，粒子は凝集する。このとき，図Ⅱ-7内の(a)のように $V_{max}=0$ となる塩濃度を臨界凝集濃度 $n_c$ と呼ぶ。これを満たすには，式42において

$$V=0 \quad かつ \quad \frac{dV}{dH}=0$$

でなければならない。球状粒子系における $n_c$ は

$$n_c = \frac{(384)^2 \pi^2 \gamma^4 (kT)^5 (\varepsilon_r \varepsilon_0)^3}{2A^2 e^6 \exp(2)} \cdot \frac{1}{v^6} \tag{43}$$

である。ここで，exp(2) はネイピア数（自然対数の底）の2乗を示す。

平板粒子系においても，式32と35の和で表される単位面積あたりの2平板間の相互作用のポテンシャルエネルギーは球状粒子系の式と類似し，$n_c$ は

$$n_c = \frac{2.13 \times 10^5 \gamma^4 (kT)^5 (\varepsilon_r \varepsilon_0)^3}{A^2 e^6} \cdot \frac{1}{v^6} \tag{44}$$

である。

ここで，$X$ が大きいときは $\tanh(X) \approx 1$ であるため，式24において表面電位 $\psi_0$ が高い場合は $\gamma \approx 1$ となり，臨界凝集濃度は価数の6乗に反比例する。逆に $X$ が小さいときは $\tanh(X) \approx X$ なので，$\psi_0$ が低い場合は式43，44の分子に $v^4$ が出て，$n_c$ は価数の2乗に反比例する。このような臨界凝集濃度の価数依存性は，「疎水コロイドの凝集は対イオンの性質によって制御され，その有効性は条件によってはその価数に強く依存する。多くのコロイド系では，臨界凝集濃度は対イオンの価数の6乗に反比例する」とのシュルツ―ハーディーの法則（Hardy, 1900 ; Schultze, 1882）として経験的に知られていたが，約50年を経て，DLVO理論によりその理論的裏付けを得たことになる。

## 6．おわりに

粒子の分散・凝集特性の基本となる拡散電気二重層および

DLVO理論の基礎を紹介した。ここでは，理想的な系を取り扱ったが，実際には，イオンは点電荷ではなく体積があること，表面電荷は連続しておらず離散的であること，ポワソン―ボルツマンの式（式15）がかなり高濃度まで成り立つとしたことなどの問題が指摘されている。しかし，実際の現象を比較的うまく説明できるのは，これらの影響の多くが互いに相殺するためだとされている（Israelachvili, 1992）。

土壌の場合はより複雑で，例えばカオリナイトなどの粘土鉱物では，pHによっては1つの板状結晶の端面に正電荷が，層面に負電荷が生じ，これらが互いに静電的に結合し，カードハウス構造（岩生ら，1985）と呼ばれる凝集状態になる場合がある。また，土壌有機物が凝集を促進したり（Visser and Caillier, 1988），逆に抑制したりする場合（Edwards and Bremner, 1967）があり，このような現象には，例えば，高分子が粒子間を橋架けする架橋凝集や非収着性高分子による枯渇凝集など（Everett, 1988），DLVO理論では説明できない機構が関与している可能性がある。近年，固体粒子表面を荷電高分子が覆うコロイド粒子（柔らかいコロイド粒子と呼ばれる）の理論が示され（大島，2013），腐植物質等の相互作用に適用されている。詳細は第V章を参照されたい。

環境負荷物質の担体としての分散粒子については，重要性（de Jonge et al., 2004）とともに研究上の課題も指摘されている（McCarthy and McKay, 2004）。土壌環境中の分散粒子の動態は分散・凝集特性だけを見ても様々な機構が複雑に絡み合っていると考えられる。まだ十分とは言えない実態の把握に加えて，難題であるが，土壌及び自然条件下における懸濁物質の分散・凝集理

論の確立が引き続き求められており、界面科学分野における研究が続けられている。

なお、本稿の作成に当たっては、本文中に挙げた文献以外に、電荷・電場・電位の関係については永田 (1981) を、デバイヒュッケル近似については Moore (1972) を、デリャーギン近似については Safran (1994) を、平板粒子系における DLVO 理論の展開については大井 (2003) を参照した。

## 文　献

赤岩英夫・柘植新・角田欣一・原口紘炁 1991. 分析化学, p. 5-9. 丸善, 東京.

de Jonge, L. W., Kjærgaard, C., and Moldrup, P. 2004. Colloids and colloid-facilitated transport of contaminants in soils: an introduction. *Vadose Zone J.*, **3**, 321-325.

Derjaguin, B. V., and Landau, L. 1941. Theory of the stability of strongly charged lyophobic sols and of the adhesion of strongly charged particles in solution of electrolytes. *Acta Physicochim. U.R.S.S.,* **14**, 633-662.

Edwards, A. P., and Bremner, J. M. 1967. Microaggregates in soils. *J. Soil Sci.*, **18**, 64-73.

Everett, D. H. 1988. Basic principles of colloid science. Royal Society of Chemistry, London. (関集三監訳 1992. コロイド科学の基礎, p. 131-149. 化学同人, 京都.)

Hardy, W. B. 1900. A preliminary investigation of the conditions, which determine the stability of irreversible hydrosols. *Proc. Roy. Soc. London*, **66**, 110-125.

Israelachvili, J. N. 1992. Intermolecular and surface forces 2nd edition. Academic Press, London. (近藤保・大島広行 訳 1996. 分子間力と

表面力 第2版，p.148-246. 朝倉書店，東京.）

岩生周一・長沢敬之助・宇田川重和・加藤忠蔵・喜田大三・青柳宏一・渡邊裕 編 1985. 粘土の事典，p.80. 朝倉書店，東京.

近藤保・大島広行・村松延弘・牧野公子 1992. 生物物理化学，p.69-89, 103-123. 三共出版，東京.

McCarthy, J. F., and McKay, L. D. 2004. Colloid transport in the subsurface : past, present, and future challenges. *Vadose Zone J.*, **3**, 326-337.

Moore, W. J. 1972. Physical chemistry 4th edition. Prentice-Hall, New Jersey.（藤代亮一 訳 1974. 物理化学 第4版，p.427-478. 東京化学同人，東京.）

永田一清 1981. 電磁気学，p.17-50. 朝倉書店，東京.

大井節男 2003. コロイド現象の物理的基礎. 足立泰久・岩田進午 編著 土のコロイド現象，p.73-91. 学会出版センター，東京.

大島広行 2013. 柔らかい粒子の電気泳動と静電相互作用. 日本物理学会誌，**68**, 89-97.

Safran, S. A. 1994. Statistical thermodynamics of surfaces, interfaces, and membranes. Perseus Books, Massachusetts.（好村滋行 訳 2001. コロイドの物理学，p.275-277. 吉岡書店，京都.）

Schulze, H. 1882. Schwefelarsen im wässeriger lösung. *J. Prakt. Chem.*, **25**, 431-452.

Verwey, E. J. W., and Overbeek, J. TH. G. 1948. Theory of the stability of lyophobic colloids : the interaction of sol particles having an electric double layer, Elsevier, New York.

Visser, S. A., and Caillier, M. 1988. Observations on the dispersion and aggregation of clays by humic substances, I. dispersive effects of humic acids. *Geoderma*, **42**, 331-337.

# Ⅲ 界面動電現象とその利用

小林　幹佳

1．はじめに
2．界面動電現象と土粒子の帯電の発見
3．電気二重層
4．界面動電現象の基本
　4-1　電気浸透
　4-2　電気泳動
　4-3　流動電位
5．界面動電現象の測定結果とその利用
　5-1　電気泳動とコロイドの凝集分散
　5-2　コロイドの凝集速度とゼータ電位
6．おわりに

———　—　———　—　———　—　———

Electrokinetic phenomena and their applications

Motoyoshi KOBAYASHI

## 1. はじめに

「土が電荷を持つことはどのようにして知ることができたのだろうか。」,「電荷の量や正負はどのような状況で変化するのだろうか。」。これらの疑問に答える際に鍵となるのが本章で議論する界面動電現象である。

界面動電現象は, 電荷を持った界面近傍の流体運動, と緩やかに定義される (Delgado et al., 2007)。界面動電現象の実験と解析を通して, 界面の帯電に関する情報を表わすゼータ電位 (あるいは界面動電位) を評価することができる。ゼータ電位は界面への物質の吸着やコロイド粒子の凝集分散と密接に関係しており, その評価は実用上重要である。

以下では, まず界面動電現象の発見の周辺と土との関係, その後の展開について述べる。次に界面動電現象の理解を通して考え出された電気二重層の概要と表面電位・拡散層電位・ゼータ電位について整理する。続いて代表的な界面動電現象である電気浸透, 電気泳動, 流動電位について, 基本理論とゼータ電位の関係, 実験の方法について解説する。さらに, コロイド粒子の凝集分散とゼータ電位の関係について述べる。

## 2. 界面動電現象と土粒子の帯電の発見

今から遡ること約 200 年前の 1809 年に, ドイツ出身でロシアのモスクワ大学の教授であった Reuss (1809) は,「Sur un nouvel effet de l'électricité galvanique」と題するフランス語で書かれた論文を発表した。この論文の中で彼は 2 つの実験結果を報告して

いる。まず、第1の実験では、U字ガラス管の中に粉砕した粉末状の石英を詰めて純水を満たし、石英粉末を挟むように2本の白金線電極をU字管に取り付け、すり合わせ付の細管で栓をした。そして電極を通して、92枚のルーブル銀貨と同数の亜鉛板で作成したボルタ電堆により電位差を与えた。その結果、彼は、水の電気分解に加えて、負極側の細管の水位が上昇し、正極側の水位が低下するという現象を見出した。

第2の実験では、湿った粘土に2本のガラス管を立て、良く洗った砂を管の底の粘土の上に敷いたのち、管に水を入れ、それぞれの管に金線電極を挿し、74枚のルーブル銀貨と同数の亜鉛板からなるボルタ電堆により電気を流した。この実験により、彼は正極側の粘土が上昇し水が泥のようになること、負極側の水位が上昇して正極側の水位が低下することを発見した。第2の実験の様子は図Ⅲ-1のような実験で再現できる。

Reussが発見した水や粘土の移動現象は、現在、電気浸透、電気泳動と呼ばれるものである。電気浸透は粘土や砂に外部電場を

図Ⅲ-1 湿った粘土（ベントナイト）にガラス管を立てて水を加え、白金電極をさして30Vの電圧をかけた様子。負極側で水位が上昇（電気浸透）し、正極側で粘土粒子が上昇（電気泳動）した。

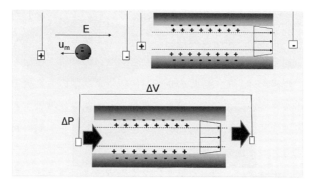

図Ⅲ-2 電気泳動(左上),電気浸透(右上),流動電位(下)の模式図。電気泳動では電場 E により粒子が速度 Um で動いている。電気浸透では,電位差を与えることで帯電した流体が流れている。流動電位では,圧力差 ΔP により生ずる帯電した流体の流れによって電位差 ΔV が発生する。

かけることで間隙水が移動する現象であり,電気泳動は電場によって土粒子が水中を移動する現象である(図Ⅲ-2)。Reuss の実験が界面動電現象研究の始まりであり,クーロン力に基づいて推察すれば粘土が負に帯電している事実の発見と言える。

なお,1850年には Thompson (1850) と Way (1850) によって,今日では土壌のイオン交換(当時は塩基交換)と呼ばれる現象が報告されている。現在,イオン交換は土粒子の帯電に起因するものと解釈され,イオン交換容量は土の電荷量を反映していると考えられている(松中,2003)。しかし,Thompson と Way の論文には Reuss の実験に関する記述はない。界面動電現象の発見もイオン交換現象の発見も Arrhenius の電離説(1884)よりも前のことである。両現象とも当時は相当に不思議な現象であったに違

いない。

## 3．電気二重層

　Reussの実験は多くの研究者たちにより追試された。その過程で電気浸透と電気泳動は土に限らず固液界面において普遍的に観察し得ることがわかってきた。またQuincke（1861）は，電気浸透とは逆に，圧力差によって毛細管や粒状多孔体内に流れを起こすことで電位差が発生することを明らかにした。これが流動電位の発見である（図Ⅲ-2）。Quinckeはさらに考察を進め，負に帯電した固体表面近傍の液体部分が正に帯電し，電気二重層ができるという概念に到達した。続いてHelmholtz（1879）は定量的な界面動電現象の理論式を導いた。その式には現在，界面動電ポテンシャルあるいはゼータ電位と呼ばれる電位が含まれている。

　電気二重層のモデルは，その後Gouy（1909）とChapmann（1913）により拡散層の描像が導入され，Stern（1924）により吸着層と拡散層の両方が考慮される形で発展してきた。電気二重層の構造を模式的に示すと図Ⅲ-3のようになる。電気二重層理論の詳細については本書のⅡ章3．を参照されたい。

　界面動電現象では，帯電した界面と界面から離れた流体部分との速度差が問題となる。固体表面と流体との速度差が0になる位置をすべり面と言い，そこでの電位がゼータ電位と定義される。表面電位 $\mathit{\Psi}_0$ と表面電荷密度 $\sigma_0$，拡散層電位 $\mathit{\Psi}_d$ とStern層の電荷密度 $\sigma_s$，拡散層電荷密度 $\sigma_d$，ゼータ電位 $\zeta$ が定義される位置がそれぞれどの程度ずれているのかはいまだ明確ではない。概略としては，図Ⅲ-3のような位置関係にあると考えられる。

68    III　界面動電現象とその利用

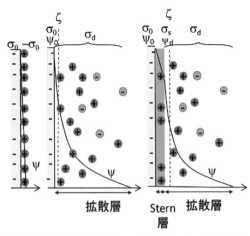

図III-3　電気二重層の模式図。左からHelmholtz, Gouy-Chapmann (GC), Sternのモデル。Helmholtzモデルはコンデンサーとしてモデル化され，表面近傍に表面電荷と絶対値が同じで符号が反対の電荷が存在すると考える。GCモデルではイオンが拡散的に分布していると考える。SternモデルはHelmholtzモデルとGCモデルを組み合わせたモデルである。ゼータ電位ζはすべり面での電位であり，拡散層電位が定義される面よりも少し溶液側にずれた位置にあると考えられている（Kobayashi, 2008）。

## 4. 界面動電現象の基本

### 4-1 電気浸透

帯電した固液界面には電気二重層が形成され,界面近傍の溶液は単位体積当たりの電荷 $\rho_e$ (C/m³) を持つようになる。ここに外部から界面に沿う方向に電場 $E_e$ (N/C) をかけると,電荷を持った溶液部分に単位体積当たりの力が作用し,帯電した溶液部分は運動する。こうして引き起こされる流れが電気浸透流となる。一方,水の様に粘性を持つ流体では流れに抵抗する粘性力が作用し,溶液中の帯電した微小体積に作用する電場による力と粘性力は釣り合うようになる。この関係は,界面に沿って $x$ 軸を取り,界面から垂直方向に $y$ 軸を取ると,

$$\eta \frac{d^2 u}{dy^2} + \rho_e E_e = 0 \tag{1}$$

と書ける。ここで $\eta$ は粘性係数 (Pa·s), $u$ は $x$ 方向の流速である。$\rho_e$ と電位 $\Psi$ (V) の関係は $\varepsilon_r$ を比誘電率, $\varepsilon_0$ を真空の誘電率 ($8.854 \times 10^{-12}$ F/m) として,次の Poisson 方程式

$$\frac{d^2 \Psi}{dy^2} = -\frac{\rho_e}{\varepsilon_r \varepsilon_0} \tag{2}$$

により与えられる。両式から

$$\eta \frac{d^2 u}{dy^2} = \varepsilon_r \varepsilon_0 E_e \frac{d^2 \Psi}{dy^2} \tag{3}$$

が得られる。式(3)を積分して $y \to \infty$ において $du/dy \to 0$ かつ $d\Psi/dy \to 0$ を考慮し,さらに積分して $y \to \infty$ において $u \to u_\infty$ かつ $\Psi \to 0$ と考えると流速分布を与える式

$$u(y) = \frac{\varepsilon_r \varepsilon_0 E_e \psi(y)}{\eta} + u_\infty \tag{4}$$

が得られる。界面 $y=0$ においては粘性流体の粘着条件により $u(0)=0$ と考えられ、この $u=0$ での電位 $\Psi$ をゼータ電位 $\zeta$ と置くと

$$u_\infty = -\frac{\varepsilon_r \varepsilon_0 E_e \zeta}{\eta} \tag{5}$$

が得られる。この式は電気浸透をゼータ電位と結びつける式であり、Helmoholtz-Smoluchowski（HS）式と呼ばれる。電位は界面から離れるとすぐに低下するので、毛細管や土壌間隙における電気浸透流は一様な流速 $u_\infty$ で流れると考えられる。溶液の電気伝導度を $K$(S/m) とすると、オームの法則により、電流密度 $i$ (A/m$^2$) は $i=KE_e$ で与えられるので、式(5)は

$$u_\infty = -\frac{\varepsilon_r \varepsilon_0 i \zeta}{\eta K} \tag{6}$$

と書ける。式(6)の両辺に毛細管や土壌間隙の断面積をかけると、流量 $Q$(m$^3$/s) と電流 $I$(A) について次式が得られる。

$$Q = -\frac{\varepsilon_r \varepsilon_0 I \zeta}{\eta K} \tag{7}$$

式(7)より、電気浸透流量 $Q$ と電流 $I$ を測定すれば $\zeta$ の値を決めることができる。

電気浸透現象は、図III-1のような構成で実験をすることで比較的容易に観察できる。現在、電気浸透流の測定に基づいてゼータ電位をもとめる市販の装置はないようであり、研究者が独自に装置を組み立てて、例えば膜のゼータ電位の測定に使用している

（例えばSzymczyk *et al.*, 1998)。原理的には粒子を詰めたカラムや膜を挟むように電位差を与えることで発生する電気浸透流量 $Q$ と電流 $I$ を測定することでゼータ電位を見積もることができる。実験においては圧力差による流れが生じないこと，電極が安定していること，が必要となる。

HS式によれば，毛細管のゼータ電位は管径に依存しない。ところが実際に測定を行うとゼータ電位が管径に依存することがある。これは表面電気伝導の影響と解釈されている。表面伝導にはイオンが濃縮した拡散電気二重層とすべり面より内側での電流の寄与があるとされている（Lyklema, 2014)。両者を含めた表面電気伝導度を $K_s$ (S) とすると毛細管の電流は

$$I = (\pi a^2 K + 2\pi a K_s) E_e \tag{8}$$

と書け，電気浸透流量は

$$Q = -\frac{\varepsilon_r \varepsilon_0 I \zeta}{\eta (K + 2K_s/a)} = -\frac{\varepsilon_r \varepsilon_0 I \zeta}{\eta K^*} \tag{9}$$

と修正される。$K^*$ は毛細管あるいは粒子充填カラムの電気伝導度である。粒子を充填したカラムにおいても表面電気伝導の影響は無視できない場合がある（Minor *et al.*, 1998)。しかし，毛細管と比較してその理論的取り扱いは複雑となる。

### 4-2 電気泳動

電荷 $q$ (C) を持った半径 $a$ の球粒子が溶液中に分散した系を考える。ここに外部から電場 $E_e$ をかけると電気的な力 $qE_e$ が作用して粒子は溶液中を動く。静止流体中で動く球粒子には流体から粘性による抵抗力が働く。電気的な力と流体による抵抗力が釣り合うことで粒子は一定の速度 $u_m$ で移動する。静止流体中を速

度 $u_m$ で動く球粒子には流体から $6\pi a\eta u_m$ の粘性抵抗力が作用する。したがって力の釣り合いから

$$\mu_m = \frac{u_m}{E_e} = \frac{q}{6\pi a\eta} \tag{10}$$

が得られる。ここで，粒子の速度 $u_m$ を電場 $E_e$ で除した量を電気泳動移動度（EPM）$\mu_m$ ($m^2/V\cdot s$) という。$\mu_m$ から粒子の電荷量を推定できることがわかる。球表面での電位であるゼータ電位 $\varsigma$ は

$$\varsigma = \frac{q}{4\pi\varepsilon_r\varepsilon_0 a} \tag{11}$$

で与えられるので，電気泳動移動度とゼータ電位の関係が

$$\mu_m = \frac{u}{E_e} = \frac{2}{3}\frac{\varepsilon_r\varepsilon_0\varsigma}{\eta} \tag{12}$$

と得られる。式(12)は Huckel の式と呼ばれ，粒子半径 $a$ が小さく，本書Ⅱ章3．で議論した Debye 長 $\kappa^{-1}$ が厚い時に使用される。

粒径が大きく電気二重層が薄い（$a\kappa$ が大きい）時には，粒子の存在を平板と捉えることができる。簡単のため粒子とともに動く座標を考えると，電気泳動の問題を 4-1 で考察した電気浸透の問題と同様に扱うことができる。すなわち実際には粒子は速度 $u_m$ で動き，粒子から遠く離れたところでは流体の速度は 0 であるところを，粒子表面での流速を 0，遠く離れたところでの流速を $-u_m$ として考える。式(5)の結果を利用して次式が得られる。

$$\mu_m = \frac{u_m}{E_e} = \frac{\varepsilon_r\varepsilon_0\varsigma}{\eta} \tag{13}$$

この式は電気泳動とゼータ電位を関係付ける HS 式である。

Huckel 式と HS 式とでは係数が異なる。この係数は $\kappa a$ に依存し, Huckel 式と HS 式を結び付ける理論式が Henry (1931) により与えられている。

式(12), (13)によれば, EPM とゼータ電位は比例する。しかし, O'Brien と White (1978) や Ohshima *et al.*, (1983) の計算によれば, 溶液の電解質濃度が低くゼータ電位が高くなると, 粒子周りの拡散電気二重層が変形し, 電気泳動が阻害される。これを緩和効果という。緩和効果が生じると, EPM とゼータ電位は比例しなくなり, 両者の関係には極大が現れるようになる。このことは, ゼータ電位が高くなると, EPM からゼータ電位を評価することはできないことを意味する。

EPM の測定は浮遊懸濁しているコロイド粒子が対象となる。通常はコロイド粒子が電解質溶液中に懸濁した分散系を密閉セル内に注入し, 電場を与えることで誘発される粒子の移動速度と印加した電場の強さから EPM を求める。粒子の移動速度は, 顕微鏡を通した直接観察により, 一定距離を移動する際に要する時間を測定することで得られる。また, 現在はレーザードップラー法によって粒子の移動速度を測定する電気泳動光散乱法が普及しており, 近年の論文で報告されているデータのほとんどはこの方法によって得られている。電気泳動光散乱法は測定が迅速であること, 顕微鏡では観察できない微小な粒子に対しても適用できることなどの利点がある。EPM を測定できる装置には市販のものが種々あり, 目的に応じて使い分けることができる。測定時に注意すべきことはセル壁面の存在により発生する電気浸透流の影響を評価することである。なお, 電気泳動法はすぐに沈降してしまう

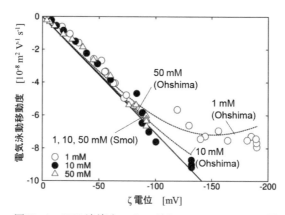

図Ⅲ-4 KCl溶液中のカルボキシルラテックスの電気泳動移動度とゼータ電位の関係。記号は実験値（Sugimoto et al., 2014），実線の直線（Smol）はHS式による計算値，破線は緩和効果を考慮したOhshimaの式による計算値である。塩濃度が高い場合にはHS式とOhshima式は同じであるが，塩濃度が低下すると緩和効果によりOhshima式は極値を示すようになる。

大きく密度の高い粒子に対しては適用が難しい。

図Ⅲ-4に，測定例として，表面に $-COOH$ 基を持つ直径 1.5 $\mu m$ の球形ラテックス粒子のEPMをゼータ電位に対してプロットしたグラフを示す。ここでゼータ電位は次章で紹介する表面電荷の計算モデルによって得られたものであり，表面からすべり面までの距離を 0.25 nm としている。図中の記号は実験値，実線はHS式による計算値，破線は緩和効果を考慮したOhshimaの理論式による計算値である。電解質濃度が低く，ゼータ電位が大きくなるとHS式と実験値の値がずれる。対してOhshimaの式によ

る理論値は，ゼータ電位の絶対値が高くなり，緩和効果によってEPMの絶対値があまり変化しなくなる領域においても，実験値と良好に一致していることがわかる。

### 4-3 流動電位

毛細管や粒子を充填したカラムに圧力差によって流れを引き起こすと，界面近傍の電荷を持った溶液が流れることで流動電位と呼ばれる電位差 $V_s$ が発生する。この現象を簡単に考えるため，半径 $a$，長さ $L$ の円管を考える。管の中心を原点として半径方向の位置を $r$ とすると，圧力差 $\Delta P$ (Pa) によって引き起こされる管内の流速分布 $u(r)$ は Hagen-Poiseuille の流れにより

$$u(r) = \frac{\Delta P}{4\eta L}(a^2 - r^2) \tag{14}$$

で表わされる。この流れによって単位体積当たりの電荷 $\rho_e$ を持つ液体が流れることで流動電流 $I_{str}$ (A)

$$I_{str} = \int_0^a 2\pi u(r) r \rho_e(r) dr \tag{15}$$

が発生する。電荷を持つ領域は $\kappa^{-1}$ 程度の壁のごく近傍に限られるので，そこでの流速を以下のように線形近似する。

$$u(r) \cong \frac{\Delta Pa}{2\eta L}(a-r) = \frac{\Delta Pa}{2\eta L}x \tag{16}$$

ここで，$x$ は $x = a - r$ であり，管壁面からの距離である。流動電流は以下のように近似される。

$$I_{str} = \int_0^a 2\pi u(r) r \rho_e(r) dr \cong -\frac{\pi a^2 \Delta P}{\eta L}\int_a^0 x\rho_e(x) dx \tag{17}$$

この式に Poisson 方程式を代入し，管の内壁での電位を $\zeta$，管中

心での電位が0になることを考慮して積分すると

$$I_{str} \cong \frac{\pi a^2 \Delta P \varepsilon_r \varepsilon_0}{\eta L} \int_a^0 x \frac{d^2 \Psi}{dx^2} dx = -\pi a^2 \frac{\Delta P}{L} \frac{\varepsilon_r \varepsilon_0 \zeta}{\eta} \qquad (18)$$

が得られる。流動電流 $I_{str}$ は,電差位 $V_s$ によって発生する電流 $I_c$

$$I_c \cong \pi a^2 K \frac{V_s}{L} \qquad (19)$$

によって打ち消されるため $I_c + I_{str} = 0$ となる。よって流動電位とゼータ電位の関係が

$$\frac{V_s}{\Delta P} = \frac{\varepsilon_r \varepsilon_0 \zeta}{\eta K} \qquad (20)$$

のように得られる。

　流動電位法は電気泳動では測定できない砂のような大きな粒子のゼータ電位を評価する際に有効となる。実験ではまずカラム内に粒子を充填し間隙を溶液で満たす。カラムの両端に水位差や窒素ガスによって圧力差を与えて流れを発生させる。定常流れが発生している際のカラム前後の圧力差 $\Delta P$ と流動電位 $V_s$ を測定することで式(20)からゼータ電位 $\zeta$ を求めることができる。

　流動電位においても表面電気伝導の影響が無視できない場合には,電気浸透と同様に溶液の電気伝導度 $K$ に換えて

$$\frac{V_s}{\Delta P} = \frac{\varepsilon_r \varepsilon_0 \zeta}{\eta K^*} \qquad (21)$$

のようにカラムもしくは毛細管の電気伝導度 $K^*$ を用いる必要がある。

　図Ⅲ-5には,流動電位法によって測定された粒径が100～300 $\mu$m 程度のアルミナビーズ,ジルコニアビーズ,豊浦標準砂のゼ

4. 界面動電現象の基本 77

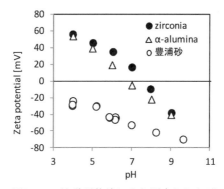

図Ⅲ-5 流動電位法により測定されたジルコニア,アルミナ,豊浦標準砂のゼータ電位。測定は1mM KCl(ジルコニア)または1mM NaCl(豊浦砂,アルミナ)溶液中において実施された。

ータ電位がpHに対してプロットされている。ゼータ電位は表面伝導の影響が無視できると仮定してHS式に基づいて計算された値である。なお,豊浦砂については表面伝導の影響が無視できることを確認している。図からいずれの酸化物,豊浦砂もpHに依存するゼータ電位を持っていることがわかる。この表面の帯電挙動は,アルミナやジルコニアでは$XOH_2^{0.5+} \leftrightarrow XOH^{0.5-} + H^+$,豊浦砂では$SiOH \leftrightarrow SiO^- + H^+$のようにプロトンの解離反応が起き,pH依存の電荷が生じたためと考えられる。

流動電位の測定は熱処理や洗浄などの表面処理の影響を評価する際に利用できる(Pham *et al.*, 2013)。また,Kobayashi *et al.*,(2009)はジルコニアビーズをモデル土壌と見なし,pH調整によるゼータ電位の変化が土壌中のコロイド輸送に与える影響を検

討している。

## 5. 界面動電現象の測定結果とその利用

### 5-1 電気泳動とコロイドの凝集分散

本書のⅠ章で紹介されたように，土壌コロイドの凝集分散は土壌中の移動現象と密接に関係している。コロイドに電解質を加えると分散状態から凝集状態に変化して不安定化することは，19世紀の中頃に行われた実験により明らかにされていた。より詳細で系統的な実験は Schulze（1882）や Hardy（1899）により行われ，対イオンの価数が高いほど低い電解質濃度で凝集を引き起こすことが示された。凝集に最低限必要な電解質濃度を臨界凝集濃度（critical coagulation concentration 以下 CCC とする）という。CCC と対イオン価数 $z$ の関係は Schulze-Hardy 則として知られ，$n=2～6$ として CCC$\propto z^{-n}$ の関係で書ける。

Hardy はさらに，コロイド分散系に酸あるいはアルカリを加えることで EPM の正負が変化すること，電気泳動が生じない点－等電点が存在すること，等電点付近において粒子が凝集沈殿（コロイドが不安定化）すること，酸あるいはアルカリを加えることで凝集に必要な電解質濃度が変化することを見出した。これらの結果は凝集分散と粒子の帯電が関係していることを明確に示したものである。

Mattson（1927）は様々な土粒子の EPM を HCl，NaOH の添加量を変えながら測定した。その結果，$SiO_2/(Al_2O_3+Fe_2O_3)$ の値が大きい土では HCl や NaOH を添加しても EPM がほぼ変わらないのに対し，$SiO_2/(Al_2O_3+Fe_2O_3)$ が小さいと酸の添加により

EPM は正になりアルカリの添加により負になること-変異電荷の存在を明らかにした。また，Mattson (1926) は負に帯電した土粒子の懸濁液に正に帯電した色素のメチレンブルー (MB) を添加すると MB の吸着により粒子の電荷が中和されて等電点に達し，さらに MB を加えることで EPM が正に反転することを示した。加えて，等電点付近でコロイドが凝集すること，等電点に達するのに必要な MB 添加量と塩基交換量に相関があることも示された。これらの例は電気泳動の測定がイオン性物質の土粒子への吸着や土壌コロイドの凝集分散を判断する上で有効なツールとなることを示している。

20世紀の前半までに実験的に得られた知見は現在でも確認することができる。図Ⅲ-6 には 5 種類の土壌コロイドと粘土鉱物のゼータ電位が pH に対してプロットされている。なおここでは，不定形な土壌コロイドに対する緩和効果を考慮した EPM の理論式がないため，ゼータ電位は EPM から HS 式により算出している。図から土壌の種類によりゼータ電位の正負を含めた pH 依存性や等電点が異なることがわかる。図Ⅲ-7 に対応する凝集分散挙動の例として，鳥取マサ土の凝集沈降特性の pH，電解質濃度，対イオンの価数への依存性のデータを示す。図の実験データは，溶液条件を系統的に変化させた懸濁液をしばらく静置した後，コロイドが凝集沈降するのか濁ったままなのかを観察した後，上澄みの透過率を測定することで得られた。図の縦軸が上澄みの透過率であり，100％に近いほど透明な純水に近く，凝集沈殿が起きていることを表わす。図Ⅲ-6，7より，ゼータ電位の絶対値が低下すると凝集すること，電解質濃度を高くすると凝集すること，

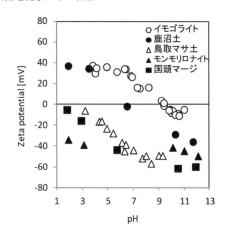

図Ⅲ-6 電気泳動法により得られた土壌コロイドのゼータ電位。測定は1mM NaCl（鳥取マサ土，イモゴライト）または4mM NaCl（鹿沼土，国頭マージ，モンモリロナイト）溶液中において実施された。

$Na^+$ よりも価数の高い $Ca^{2+}$ を添加した場合の方が低い電解質濃度でpHに関係なく凝集を引き起こすこと，ゼータ電位の絶対値が高いほど凝集に要する電解質濃度が高くなることがわかる。このような凝集挙動は他の土壌や粘土においても確認されているが，等電点から離れたpHでも凝集するイモゴライトなど例外的な挙動を示すものもある（Kobayashi *et al.*, 2013）。本書のⅡ章5．で解説されたDLVO理論は，上でまとめたそれ以前に実験により知られていた凝集現象の特徴をうまく説明できたため，その正しさが認められた。

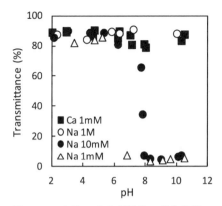

図Ⅲ-7 鳥取マサ土懸濁液の凝集沈降。透過率が100％に近いほど凝集沈降している。

図Ⅲ-7のデータを得る実験のように，溶液条件を系統的に変化させて懸濁液をしばらく静置した後に凝集分散を判定し，同条件で測定したゼータ電位を対応させる方法は古典的ではある。しかし，水処理などにおける凝集剤の添加量の決定や凝集機構が電荷中和により起きているのか否かを判断するための基本的情報を得る上では極めて有効である（Kobayashi et al., 2013）。ただし凝集分散を判定する際，この方法に残る曖昧さは否定できない。CCCの明確な決定やDLVO理論の定量的評価には凝集速度の評価が必要となる。

## 5-2 コロイドの凝集速度とゼータ電位

コロイドの凝集速度に関する実験的研究はZsigmondy（1917）により開始された。彼は凝集によって金コロイドの色が変化することに着目し，色の変化に要する時間を凝集速度の目安として測

定した。その結果，凝集速度は電解質濃度の増加とともに増加し，やがて一定の最大値に達することを示した。この結果から，凝集速度が最大になる急速凝集領域，凝集速度が電解質濃度に依存する緩速凝集領域が明確になり，急速凝集を実現するために必要な最小の電解質濃度として CCC を定義できるようになった。また，CCC とは対照的に，最大の凝集速度は対イオンの価数によらないことを示した。このことは対イオンの存在により反発力が効果的に弱まるのであって，反発力が無くなった場合には最大の凝集速度が衝突速度と溶液条件に依存しない引力によって決まることを示唆している。

　凝集速度の理論は，Smoluchowski (1917) によって衝突速度の面から取り扱われた。さらに Fuchs (1934) は，Smoluchowski によるブラウン運動による衝突速度に加えて，粒子間力による粒子輸送の効果を取り入れた速度理論を導いた。Hamaker (1936) はコロイドの粒子間力が電気二重層の重なりによる反発力と van der Waals 引力とに依存することを提案した。より詳細な粒子間相互作用の理論が，Derjaguin と Landau (1941)，Verwey と Overbeek (1948) によって与えられた。この理論が，彼らの頭文字をとって DLVO 理論と呼ばれているものである。上述のように DLVO 理論はそれ以前の実験結果をほぼすべて説明することができた。また，DLVO 理論による粒子間の相互作用ポテンシャルエネルギーを採用することで凝集速度を具体的に計算することができるようになった。

　以上のように発展してきた凝集速度理論に基づいて，半径 $a$ の単分散球粒子の凝集初期段階を考える。凝集によって形成される

2個の粒子からなる2次粒子の濃度の時間変化 $dn_2/dt$ は次のように書ける（Behrens et al., 2000）。

$$\frac{dn_2}{dt} = \frac{1}{2} k_{11} n_0^2 \tag{22}$$

$$k_{11} = \left\{ 2a \int_0^\infty \frac{B(h)}{(2a+h)^2} \exp\left[\frac{V(h)}{k_B T}\right] dh \right\}^{-1} \frac{8 k_B T}{3\eta} \tag{23}$$

$$B(h) = \frac{6(h/a)^2 + 13(h/a) + 2}{6(h/a)^2 + 4(h/a)} \tag{24}$$

ここで $k_{11}$ は凝集速度定数（m³/s），$n_0$ は初期粒子数濃度（個/m³），$k_B$ はボルツマン定数（$1.38 \times 10^{-23}$ J/K），$T$ は絶対温度（K），$\eta$ は粘性係数，$B(h)$ は粒子間の流体力学的相互作用を表す関数，$h$ は表面間距離，$V(h)$ は DLVO 理論による粒子間の物理化学的な相互作用ポテンシャルエネルギー（J）である。$V(h)$ の計算に必要な表面電位は直接測定できないため，妥当性には疑問も呈されてはいるが，ゼータ電位が使用されることが多い（Lyklema, 2014）。

単分散で球形のモデルコロイド粒子の $k_{11}$ の実験値は凝集に伴う懸濁液の濁度の変化速度などから求めることができる（小林, 2010；Kobayashi and Ishibashi, 2011）。図Ⅲ-8に，種々の pH, KCl 濃度で得られたカルボキシルラテックス粒子の凝集速度定数を対応するゼータ電位（図Ⅲ-4参照）に対してプロットしたデータを示す。図中の記号は実験値であり，線は式(23)による計算値である。実験でも理論でも，ゼータ電位の絶対値の増加によって凝集速度が低下すること，イオン濃度の増加やゼータ電位が0に近付くことで凝集速度が最大になる急速凝集領域になることが確

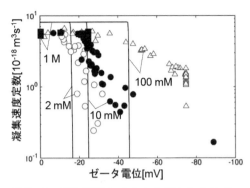

図Ⅲ-8 KCl 溶液中でのカルボキシルラテックスの凝集速度定数とゼータ電位の関係。記号と実線はそれぞれ実験値（Sugimoto et al., 2014）と計算値である。2mM, 10mM, 100mM, 1M は KCl 濃度を示す。ゼータ電位の絶対値の増加とともに凝集速度定数は小さくなる。

認できる。また，急速域と緩速域の境界にある限界ゼータ電位が理論と実験とで近く，急速凝集速度の理論値と実験値はオーダーとしては一致している。これらのことから，計算値は実験結果を良好に表現していると判断できる。このように DLVO 理論はコロイドの凝集挙動を説明し大きな成功を収めた。その一方，図Ⅲ-8 からも明らかなように，緩速凝集領域の速度定数における理論値と実験値には大きな隔たりがある。この緩速域における定量的な不一致は古くから知られていた。近年，部分的には緩速域における定量的な一致が確認されたものの，全ての領域においてではなく，理想的なモデル系についてさえ未解決の問題が残されて

いる（Behrens *et al.*, 2000）。また，腐植などの有機物が存在する場合，イオン種への強い依存性や凝集速度の特異な増加，イオン強度の増加による凝集速度の低下など，DLVO理論とは定性的にすら異なる凝集挙動を示すようになる（Abe *et al.*, 2011）。そのような系については界面動電現象の測定とDLVO理論による解析を基準としつつ，そこからの差異を議論していくことが必要であろう。

## 6．おわりに

界面動電現象とコロイドの凝集分散について，その基本と有効性についてまとめた。現在のところ，土壌粒子の界面動電現象や凝集分散挙動を定量的に議論できる理論の発展は十分とは言えず，今後の進展が求められる。

なお，引用文献をすべて記載することはしなかった。歴史的な発展についてはWall（2010），Vincent（2012），Lyklema（2014）を，理論式の導出にはDelgadoとArroyo（2002），近藤ら（1992）を参照されたい。

## 文　献

Abe, T., Kobayashi, S., and Kobayashi, M. 2011. Aggregation of colloidal silica particles in the presence of fulvic acid, humic acid, or alginate : Effects of ionic composition, *Coll. Surf. A*, **379**, 21-26.

Behrens, S. H., Christl, D. I., Emmerzael, R., Schurtenberger, P., and Borkovec, M. 2000. Charging and Aggregation Properties of Carboxyl Latex Particles : Experiments versus DLVO Theory, *Langmuir*, **16**,

2566-2575.

Delgado, A. V., González-Caballero, F., Hunter, R. J., and Koopal, L. K. 2007. Measurement and interpretation of electrokinetic phenomena, *J. Coll. Interf. Sci.*, **309**, 194-224.

Delgado, A. V., and Arroyo, F. J. 2002.Electrokinetic phenomena and their experimental determination: an overview. *In* A. V. Delgado (ed.) Interfacial electrokinetics and electrophoresis, pp. 1-54. Marcel Dekker, New York.

Kobayashi, M., Nanaumi, H., and Muto, Y. 2009. Initial deposition rate of latex particles in the packed bed of zirconia beads, *Coll. Surf. A*, **347**, 2-7.

Kobayashi, M. 2008. Electrophoretic mobility of latex spheres in the presence of divalent ions: experiments and modeling. *Colloid and Polymer Science*, **286**, 935-940.

Kobayashi, M,. and Ishibashi, D. 2011. Absolute rate of turbulent coagulation from turbidity measurement, *Coll. Poly. Sci.*, *289*, 831-836.

Kobayashi, M, Nitanai, M., Satta, N., and Adachi, Y. 2013. Coagulation and charging of latex particles in the presence of imogolite, *Coll. Surf. A*, **435**, 139-146.

Lyklema, J. 2014. Joint development of insight into colloid stability and surface conduction, *Coll. Surf. A*, **440**, 161-169.

Mattson, S. 1926. The Relation between the Electrokinetic Behavior and the Base Exchange Capacity of Soil Colloids, *J. Am. Soc. Agron.*, **18**, 458-470.

Mattson, S. 1927. Anionic and cationic adsorption by soil colloidal materials of varying $SiO_2/Al_2O_3+Fe_2O_3$ ratio, Trans. 1st World Congress of Soil Science, 199-211.

Minor, M., van der Linde, A. J., and Lyklema, J. 1998. Streaming Potentials and Conductivities of Latex Plugs in Indifferent Electrolytes, *J. Coll. Interf. Sci.*, **203**, 177-188.

O'Brien, R W., and White, L. R. 1978. Electrophoretic mobility of a spherical colloidal particle, *J. Chem. Soc., Faraday Trans. 2*, **74**,

1607-1626.

Ohshima, H., Healy, T. W., and White. L. R. 1983. Approximate analytic expressions for the electrophoretic mobility of spherical colloidal particles and the conductivity of their dilute suspensions, *J. Chem. Soc., Faraday Trans. 2*, **79**, 1613-1628.

Pham, T. D., Kobayashi, M., and Adachi, Y. 2013. Interfacial characterization of $\alpha$-alumina with small surface area by streaming potential and chromatography, *Coll. Surf. A*, **436**, 148-157.

Reuss, F. F. 1809. Sur un Nouvel Effet de l'electricite Galvanique, *Mem. Soc. Imp. Natur. Moscou*, **2**, 327-337.

Sugimoto, T., Kobayashi, M., and Adachi, Y. 2014. The effect of double layer repulsion on the rate of turbulent and Brownian aggregation : experimental consideration. *Colloids and Surfaces A*, **443**, 418-424.

Szymczyk, A., Fievet, P., Mullet, M., and Pagetti, J. C. 1998. Comparison of two electrokinetic methods — electroosmosis and streaming potential — to determine the zeta-potential of plane ceramic membranes, *J. Membrane Sci.*, **143**, 189-195.

Thompson, H. S. 1850. On the absorbent power of soils, *J. Royal Agr. Soc. England*, **11**, 68-74.

Vincent, B. 2012. Early (pre-DLVO) studies of particle aggregation, *Adv. Coll. Interf. Sci.*, **170**, 56-67.

Wall, S. 2010. The history of electrokinetic phenomena, *Curr. Opin. Coll. Interf. Sci.*, **15**, 119-124.

Way, J. T. 1850. On the power of soils to absorb manure, *J. Royal Agr. Soc. England*, **11**, 313-379.

小林幹佳 2010. 水中に懸濁した微粒子の凝集分散―基礎理論とその適用性. 塗装工学, 45, 419-432.

近藤保・村松延弘・大島広行・牧野公子 1992. 生物物理化学, 三共出版, 東京.

松中照夫 2003. 土壌学の基礎, 農文協, 東京.

# IV 表面電荷の測定とモデル

小林　幹佳

1. はじめに
2. プロトンの解離・結合による帯電機構
3. 酸・塩基滴定による表面電荷密度の測定
4. 帯電挙動の理論的モデルとその適用
   4-1 カルボキシルラテックスの帯電挙動
   4-2 コロイドシリカの帯電挙動
   4-3 酸化鉄コロイドの帯電挙動
5. おわりに

---

Measurement and modeling of surface charge

Motoyoshi KOBAYASHI

## 1. はじめに

　本書 I～III 章において紹介されたように，土の中のコロイド粒子の電荷は pH やイオン強度によって変化する。これは pH の変化，すなわち，プロトン濃度の変化により，電荷の起源となる表面の解離基に結合・解離するプロトンの量が変化するためと考えられる。本章では，まず，プロトンの結合・解離による電荷の発生機構について整理する。続いて，pH によって変化するコロイド粒子の表面電荷密度を評価する方法の一つとして，酸塩基滴定法を紹介する。次に，帯電挙動を記述する理論的モデルについて解説する。そこではモデルによる解析の具体的な適用例として，カルボキシル基を有するラテックス，シリカ（ケイ素酸化物），ヘマタイト（酸化鉄）を取り上げる。これらは，大きさの揃った球状の粒子を合成することができること，また，類似の帯電特性は土のコロイドにおいても認め得ることから，土のコロイド成分のモデルとして捉える事ができるであろう。理論的モデルとしては，酸解離定数と電気二重層モデルに基づく 1pK モデルを紹介する。モデルの適用性を，表面電荷密度と電気泳動移動度の実験値とモデル計算値とを比較することで議論する。なお，電気泳動を含む界面動電現象については本書の III 章を参照されたい。

## 2. プロトンの解離・結合による帯電機構

　土の中の有機物のようにカルボキシル基を持つ物質は，水中では以下の解離反応

$$-COOH \leftrightarrow -COO^- + H^+ \tag{1}$$

## 2. プロトンの解離・結合による帯電機構

により，プロトンを放出して負電荷を持つ。式(1)から，プロトン濃度が低下する，すなわち，pHが増加すると，解離するカルボキシル基の割合は増加し，物質の負電荷の量が増加することが理解できる。負電荷の量とpHの関係は，カルボキシル基の酸解離定数に依存する。以下の4．において，カルボキシル基を有するコロイドの帯電挙動について，Behrens *et al.*, (2000) の研究結果をもとに議論する。

酸化鉱物の帯電についても同様にプロトンの解離に基づいて考えることができる (Hiemstra *et al.*, 1989a, b)。酸化鉱物のうちケイ素の酸化物であるシリカについて考えると，シリカを構成する$Si^{4+}$の電荷は，まわりの4つの酸素との結合に4/4＝1ずつ配分されている。水酸化鉄，水酸化アルミニウムの場合には，金属イオンの電荷はどちらも3+ ($Fe^{3+}$，$Al^{3+}$) であり，OHとの配位数は6であるので，結合あたりでは0.5+が配分される。ケイ素酸化物の内部ではOが2つのSiと結合して安定となり，鉄やアルミニウムの水酸化物ではOHが2個の陽イオンと結合することで安定となる。しかし，表面では結合できる陽イオンが不足する。陽イオンの不足分を補うため，以下のように水中のプロトンを引き付ける。

$$-SiOH \leftrightarrow -SiO^- + H^+ \tag{2}$$

$$-FeOH_2^{0.5+} \leftrightarrow -FeOH^{0.5-} + H^+ \tag{3}$$

$$-AlOH_2^{0.5+} \leftrightarrow -AlOH^{0.5-} + H^+ \tag{4}$$

カルボキシル基の場合と同様に，電荷がプロトンの濃度，つまりpHに依存することが理解できる。以下の4．において，シリカ，ヘマタイトの帯電挙動についてKobayashi *et al.*, (2005a, b)，

Schudel *et al.*, (1997) の研究に基づいて議論する。

上述のようにプロトンの結合・解離の度合いはその物質に固有の酸解離定数によって表わされる。溶存している低分子物質と異なり，コロイド粒子や高分子電解質のプロトンの解離は，まわりの電解質濃度に強く依存する。そのためコロイド状物質の酸解離定数は見かけ上イオン強度に依存する。イオン強度の影響を電気二重層モデルを適用することで取り除くことができれば，表面固有の1つの酸解離定数で帯電挙動を議論できるようになる。

## 3. 酸・塩基滴定による表面電荷密度の測定

コロイド粒子を含まず，酸，アルカリを消費しない支持電解質溶液を強酸，強アルカリで滴定する場合，電気的中性により

$$C_a - C_b = \frac{10^{-\mathrm{pH}}}{\gamma_{H^+}} - \frac{10^{-pK_w + \mathrm{pH}}}{\gamma_{OH^-}} \tag{5}$$

と書ける。ここで $C_a$ と $C_b$ は滴定により加えられた液中の酸（例えば HCl），アルカリ（例えば NaOH）の対イオン（例えば $Cl^-$，$Na^+$）濃度である。これらは滴定の際に加えられた酸・アルカリの濃度と体積，懸濁液の体積から計算できる。また，$pK_w = -\log_{10}K_w \fallingdotseq 14$ であり（$K_w$ は水のイオン積），$\gamma_{H^+}$，$\gamma_{OH^-}$ は活量係数である。このようなコロイドを含まない滴定を空（ブランク）滴定という。空滴定の結果からは，Gran プロットなどにより，pH 電極のキャリブレーションとアルカリ濃度の標定ができる（Rossotti and Rossotti, 1965 ; Čakara, 2004）。同様の電解質溶液に十分に精製したコロイド粒子を加えた懸濁液に強酸や強アルカリを加えて酸塩基滴定する。この時，懸濁液内部では電気的中

性により,

$$C_a - C_b = C_{coll}Z + \frac{10^{-pH}}{\gamma_{H^+}} - \frac{10^{-pK_w + pH}}{\gamma_{OH^-}} \tag{6}$$

の関係が成り立つ。ここで, $C_{coll}$ はコロイドの濃度, $Z$ は単位コロイド当たりの荷電量である。支持電解質は無関係電解質であり, 精製したコロイド粒子は $H^+$, $OH^-$ のみを溶液とやり取りする。図Ⅳ-1に滴定曲線の例を示す。式(5), (6)の通り, ふたつの滴定曲線の差, すなわち, あるpHでの $X = C_a - C_b$ と $X' = C_a - C_b$ の差から, その時の電荷の濃度 $C_{coll}Z$ が求められる。ここで′は空滴定を意味するために付けている。コロイドの濃度と比表面積が既知であれば, 表面電荷密度を求めることができる。

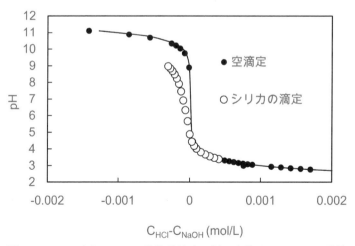

図Ⅳ-1　コロイドシリカの酸塩基滴定の例。実験は0.1M NaCl 溶液中において 0.475 g のシリカ (比表面積 35.44 m²/g) を用いて行われた。シリカの滴定曲線と空滴定曲線との差からシリカの持つ電荷が求められる。

測定においては，支持電解質を除き，式(5)，(6)で考慮されているイオン性物質以外の物質が懸濁液に混入することを避ける必要がある。そのため，コロイド懸濁液をイオン交換，透析，デカンテーション，熱処理等により十分精製すること，炭酸イオンの混入を防ぐため脱気後は大気との接触を避けること，対象とするコロイドの溶解を避けること，炭酸塩に汚染されていないアルカリ溶液を準備することに注意が払われる。また，コロイド粒子表面のプロトンの解離はpHだけでなく周囲の無関係電解質の濃度にも依存するので，滴定中に電解質濃度が大きく変化しないように制御する必要がある。酸塩基滴定実験の詳細や注意点については，高分子学会高分子実験学編集委員会(1978)，小笠原ら(1996)，Szekeres and Tombácz (2012)，Čakara (2004)の文献等が参考になる。

## 4．帯電挙動の理論的モデルとその適用

### 4-1　カルボキシルラテックスの帯電挙動

表面にカルボキシル基（−COOH）を有するラテックス（CL）粒子は，プロトンの解離反応

$$-COOH \leftrightarrow -COO^- + H_S^+ \tag{7}$$

により，負の表面電荷を持つ。式(7)の反応式が表面において生じていることがポイントとなるので，表面のプロトンには$H_S^+$のように下付きの添え字Sを付けている。表面のプロトン濃度が高くなるとプロトンの結合により表面電荷は失われる。一方，プロトン濃度が低下すれば表面の負電荷量は増加する。粒子表面でのプロトンの活量 $a^S_{H^+}$，脱プロトン化した解離基の表面濃度

[−COO⁻]，プロトン化した解離基の表面濃度［−COOH］の関係は，質量作用の法則により

$$\frac{a_{\mathrm{H}^+}^{\mathrm{S}}[-\mathrm{COO}^-]}{[-\mathrm{COOH}]} = K = 10^{-\mathrm{p}K} \tag{8}$$

と表わされる。ここで，角括弧 [ ] は表面濃度（単位面積あたりの解離基の数）である。式(8)中の酸解離定数 $K = 10^{-\mathrm{p}K}$ がプロトンの解離しやすさの程度を表している。表面電荷密度 $\sigma$ は解離したカルボキシル基に起因するので，電気素量を $e$ として

$$\sigma = -e[-\mathrm{COO}^-] \tag{9}$$

と書ける。表面にある全カルボキシル基はプロトン化したカルボキシル基か脱プロトン化したカルボキシル基のどちらかであり，その濃度 $\varGamma_\mathrm{T}$ は次式のように与えられる。

$$\varGamma_\mathrm{T} = [-\mathrm{COO}^-] + [-\mathrm{COOH}] \tag{10}$$

$\varGamma_\mathrm{T}$ によって最大電荷密度が決まる。

表面近傍にあるプロトンは，表面から十分離れたバルクでのエネルギーを基準（= 0）とすると，表面電位 $\varPsi_0$ の影響により静電エネルギー $e\varPsi_0$ の分だけ異なるエネルギーを持つようになる。エネルギーが低下すればプロトンは表面に濃縮され，増加すればプロトン濃度は低下する。そのため，表面でのプロトンの活量 $a_{\mathrm{H}^+}^{\mathrm{S}}$ はバルクでのプロトンの活量 $a_{\mathrm{H}^+} = 10^{-\mathrm{p}H}$ とは異なるようになる。本書のⅡ章において化学ポテンシャルの考察から示された，いわゆるボルツマン分布に従えば，表面とバルクでのプロトン活量は

$$a_{\mathrm{H}^+}^{\mathrm{S}} = a_{\mathrm{H}^+} \exp\left(\frac{-e\varPsi_0}{k_\mathrm{B}T}\right) \tag{11}$$

と結び付けられる。ここで$k_B$はボルツマン定数,$T$は絶対温度である。表面の存在が解離反応に与える効果のうち,静電的な効果は式(11)により考慮される。

表面電位$\Psi_0$と表面電荷密度$\sigma$の関係は,拡散電気二重層理論が適用できるとすると,Gouy-Chapman (GC) の理論により与えられる。この関係は,KClやNaNO$_3$のような1:1型の対称電解質溶液中においては次式のように書ける。

$$\sigma = \left(\frac{2\varepsilon_r\varepsilon_0\kappa k_B T}{e}\right)\sinh\left(\frac{e\Psi_0}{2k_B T}\right) \tag{12}$$

ここで$\varepsilon_r\varepsilon_0$は誘電率,$\kappa$はDebye長の逆数であり電解質の数濃度を$n$として

$$\kappa = \left(\frac{2e^2 n}{\varepsilon_r\varepsilon_0 k_B T}\right)^{\frac{1}{2}} \tag{13}$$

で与えられる。式(12)により,懸濁液の電解質濃度の影響が考慮される。

酸解離定数p$K$と解離基の濃度$\Gamma_T$を知り,式(8)-(12)からなる非線型連立方程式を数値的に解くことにより,任意のpH,電解質濃度$n$での表面電荷密度,表面電位を計算することができる。以上の理論モデルは1つのp$K$値と電気二重層のGC理論を使用していることから,1p$K$-GCモデルと呼ばれる。

図Ⅳ-2,3にはそれぞれCL粒子の表面電荷密度と電気泳動移動度(EPM)が示されている。図中の記号はBehrens *et al.*, (2000)による実験値である。どちらの図からも,表面が負に帯電していること,電荷とEPMの絶対値がpHの増加とともに増加すること,電荷・EPMとpHの関係が電解質濃度に依存している

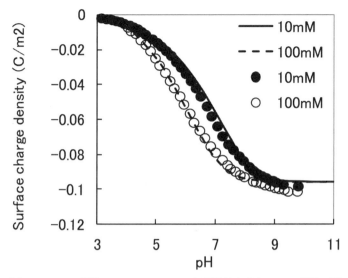

図Ⅳ-2 カルボキシルラテックスの表面電荷密度とpHの関係。図中の数字はKCl濃度である。記号は文献（Behrens et al., 2000）から読み取った実験値，曲線は1pK-GCモデルによる計算値である。

ことがわかる。図Ⅳ-2からは，電解質濃度の増加により電荷とpHの関係が低pH側にシフトし，見かけのp$K$が小さくなるように見える。また，pH=9付近になると，電解質濃度によらず，電荷の絶対値は飽和するように見える。これは，すべてのカルボキシル基がプロトンを解離したことに相当する。図Ⅳ-3からEPMの絶対値は電解質濃度が高くなると小さくなることがわかる。電解質濃度の増加により拡散電気二重層が圧縮され，ゼータ電位の絶対値が低下したためと解釈できる。

　図Ⅳ-2の曲線は1pK-GCモデルによる計算値である。計算に

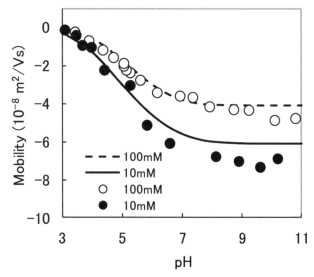

図Ⅳ-3 カルボキシルラテックスの電気泳動移動度 (Mobility) と pH の関係。図中の数字は KCl 濃度である。記号は文献 (Behrens et al., 2000) から読み取った実験値,曲線は 1pK-GC モデルと電気泳動理論による計算値である。

おいては,実験値と良くフィットするように,$\Gamma_T = 0.6 \text{nm}^{-2}$, $pK = 4.9$ が使用されている。前者は最大電荷密度により決まり,後者は負電荷量が増加する立ち上がり付近の pH が一致するように決められる。

図Ⅳ-3の曲線で示された EPM の計算値はゼータ電位 $\zeta$ から緩和効果を考慮した理論 (Ohshima et al., 1983) により求められた値である。入力値として必要となる $\zeta$ は,1p$K$-GC モデルにより求めた $\Psi_0$ の値から,拡散電気二重層の GC 理論

$$\zeta = \frac{4k_B T}{e} \operatorname{arctanh}\left[\tanh\left(\frac{e\phi_0}{4k_B T}\right)\exp(-\kappa x_s)\right] \quad (14)$$

により，表面からすべり面までの距離 $x_s$ を 0.25 nm として計算されたものである。すべり面までの距離 0.25 nm は水和イオンの大きさ（大瀧，1990）とオーダーとしては一致しており，妥当な値と考えられる。図の通り，計算結果は実験結果を良好に再現できている。

図IV-2，3 から，電解質濃度によらず，1 組の p$K$, $\Gamma_T$ を採用した 1pK-GC モデルと $x_s$ = 0.25 nm として計算した $\zeta$ により，CL 粒子の電荷密度と EPM という 2 種類の荷電挙動を記述できることがわかる。最近 Sugimoto *et al.*, (2014) は，Behrens *et al.*, の使用した粒子とは大きさと $\Gamma_T$ の異なる CL 粒子の EPM を測定し，実験結果を解析した。その結果，Behrens *et al.*, と同じ p$K$, $x_s$ の値を採用した 1pK-GC モデルにより計算した EPM の値と実験値が良好に一致することを示した。このことは CL 粒子の p$K$ = 4.9, $x_s$ = 0.25 nm が単なる実験毎のフィッティングパラメータではなく，CL 粒子に固有な普遍的な意味を持つ値であることを示唆している。

### 4-2 コロイドシリカの帯電挙動

シリカ表面の電荷は，表面に存在するシラノール基（SiOH）の脱プロトン化反応

$$-\mathrm{SiOH} \leftrightarrow -\mathrm{SiO}^- + \mathrm{H_S^+} \quad (15)$$

に起因する。脱プロトン化したシラノール基の表面濃度 [SiO$^-$]，プロトン化したシラノール基の表面濃度 [SiOH]，全シラノール基の濃度 $\Gamma_T$ の関係は次式で与えられる。

$$\Gamma_\mathrm{T} = [\mathrm{SiOH}] + [\mathrm{SiO}^-] \tag{16}$$

表面電荷密度 $\sigma$ は脱プロトン化したシラノール基によって生ずるので

$$\sigma = -e\,[\mathrm{SiO}^-] \tag{17}$$

と書ける。pH や電解質濃度に依存する表面電荷密度は，上述の CL 粒子の例と同様に，表面での質量作用の法則

$$\frac{a_{\mathrm{H}^+}^\mathrm{S}\,[-\mathrm{SiO}^-]}{[-\mathrm{SiOH}]} = K = 10^{-\mathrm{p}K} \tag{18}$$

$$a_{\mathrm{H}^+}^\mathrm{S} = a_{\mathrm{H}^+} \exp\left(\frac{-e\Psi_0}{k_B T}\right) \tag{19}$$

によって決まる。

　シリカの表面電荷密度と表面電位の関係に，CL 粒子に適用した GC 理論を使用すると，十分に荷電挙動を記述することができない。そのため，シリカの場合には，Stern の電気二重層モデルを使用する。Stern モデルでは，表面近傍に Stern 層と呼ばれる層の存在を仮定する。Stern 層はキャパシタンス $C_\mathrm{s}$ を持つコンデンサーとしてモデル化され，Stern 層の外縁から拡散層が発達する。Stern 層内の電位は表面電位 $\Psi_0$ から Stern 層の外縁の電位（拡散層電位）$\Psi_\mathrm{d}$ に直線的に変化する。KCl のような 1：1 型の対称電解質溶液中では，以上の描像は次式により表現される。

$$\sigma = C_s(\Psi_0 - \Psi_d) \tag{20}$$

$$\sigma = -\sigma_d = \left(\frac{2\varepsilon_r\varepsilon_0\kappa k_B \mathrm{T}}{e}\right)\sinh\left(\frac{e\Psi_d}{2k_B\mathrm{T}}\right) \tag{21}$$

p$K$, $\Gamma_\mathrm{T}$, $C_\mathrm{s}$ を決定し，式(16)〜(21)を連立させて解くことにより，任意の pH，電解質濃度において表面電荷密度 $\sigma$，拡散層内の電荷

密度 $\sigma_d$, 表面電位 $\Psi_0$, 拡散層電位 $\Psi_d$ を算出することができる。ここでのモデルは 1p$K$ basic Stern（1p$K$-BS）モデルと呼ばれる。1p$K$-BS モデルでは，Stern 層における $K^+$, $Cl^-$ のような無関係イオンの吸着を考慮していない。

図IV-4, 5には，それぞれシリカ粒子の表面電荷密度と EPM が示されている。図IV-4 中の記号は Kobayashi *et al.*, (2005b) による実験値であり，曲線は 1p$K$-BS モデルによる計算値である。計算においては，pK=7.5, $\Gamma_T$=8nm$^{-2}$, $C_s$=2.9F m$^{-2}$ が使用さ

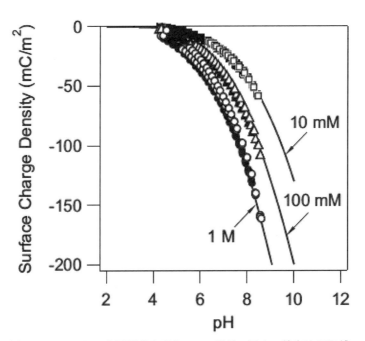

図IV-4　シリカの表面電荷密度と pH の関係。図中の数字は KCl 濃度である。記号は文献（Kobayashi et al., 2005b）から読み取った実験値，実線は 1p$K$-BS モデルによる計算値である。

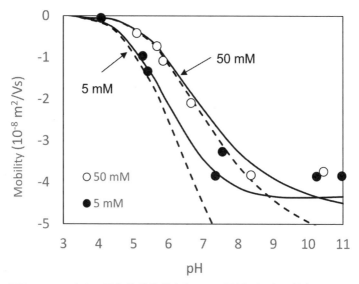

図Ⅳ-5 シリカの電気泳動移動度とpHの関係。図中の数字はNaCl濃度である。記号は実験値,実線は1pK-BSモデルと大島式による計算値,破線は1pK-BSモデルとSmoluchowski式による計算値である。

れている。EPMの計算においては,CL粒子と同様に,緩和効果を考慮した理論式(O'Brien and White, 1978; Ohshima *et al.*, 1983)と緩和効果を考慮していないHelmholtz-Smoluchowski式が用いられており,それぞれ実線,破線で示されている。ζは1p$K$-BSモデルにより求めた$\Psi_d$の値から,すべり面までの距離$x_s = 0.5$ nmとして,式(14)と類似の

$$\zeta = \frac{4k_B T}{e} \operatorname{arctanh}\left[\tanh\left(\frac{e\phi_d}{4k_B T}\right)\exp(-\kappa x_s)\right] \quad (22)$$

により計算されている。

図Ⅳ-4, 5から, 1組の帯電に関するパラメータ p$K$=7.5, $\Gamma_T$=8nm$^{-2}$, $C_s$=2.9Fm$^{-2}$ を採用した1p$K$-BSモデルが, pHと電解質濃度が異なっても, 電荷密度とEPMの実験結果を良好に再現できていることがわかる。これらのパラメータの値は, 元々, Hiemstra *et al.*, (1989b) により, Bolt (1957) によって滴定法により測定されたシリカの表面電荷密度とpHの関係に対して1p$K$-BSモデルを適用した際に提案された値である。モデルのパラメータであるp$K$, $\Gamma_T$, $C_s$が別の研究者により測定された実験データを記述できることから, パラメータの普遍性は高いと考えられる。パラメータの値の妥当性はHiemstra *et al.*, (1989a, b) により議論されている。すなわち, p$K$の値7.5は, 溶液中のケイ酸モノマーの酸解離定数とケイ素とプロトン間の距離の考察に基づいた理論的考察により与えられた値であり, 分光学的に得られた値とも近いと報告されている。$\Gamma_T$については熱重量分析やトリチウムの交換実験から推定された値 (4.6-8nm$^{-2}$) の範囲である。$\Gamma_T$の値が大きいので電荷密度の値はCL粒子と異なり通常のpHの範囲では飽和しない。Stern層の$C_s$は本来Stern層の厚さと誘電率で決まるものであるが, これらを実験や理論により推定することは困難であり, 現在のところ全くのフィッティングパラメータである。また, EPMの結果から, pHが高く, 表面電位の絶対値が大きくなると緩和効果を考慮した理論の方がより実験結果と近くなることがわかる。

### 4-3 酸化鉄コロイドの帯電挙動

酸化鉄の場合, 表面でのプロトンの解離は

$$-\text{FeOH}_2^{0.5+} \leftrightarrow -\text{FeOH}^{0.5-} + \text{H}_S^+ \tag{23}$$

と記述される。プロトンの増減に応じた $-FeOH^{0.5-}$, $-FeOH_2^{0.5+}$ の増減により，表面は正に帯電したり負に帯電したりすることがわかる。これまで同様に表面での質量作用の法則は以下のように書ける。

$$\frac{a_{H^+}^S [FeOH^{0.5-}]}{[FeOH_2^{0.5+}]} = K = 10^{-pK} \tag{24}$$

$$a_{H^+}^S = a_{H^+} \exp\left(\frac{-e\Psi_0}{k_B T}\right) \tag{25}$$

また，式 (24) から，pH=p$K$ において，$[-FeOH^{0.5-}]$ と $[-FeOH_2^{0.5+}]$ が等しくなり，電荷ゼロ点 (PZC) が実現されることがわかる。

酸化鉄の帯電挙動の記述には，シリカに適用した1p$K$-BSモデルを拡張して，Stern層における陽イオン，陰イオンの吸着を考慮する1p$K$ Sternモデルを使用する必要がある。今，酸化鉄粒子が硝酸ナトリウムの溶液中に存在すると考えると，ナトリウムイオン，硝酸イオンの吸着反応は以下のように書ける。

$$FeOH^{0.5-} \cdot Na^+ \leftrightarrow FeOH^{0.5-} + Na^+ \tag{26}$$

$$FeOH_2^{0.5+} \cdot NO_3^- \leftrightarrow FeOH_2^{0.5+} + NO_3^- \tag{27}$$

ここでは負電荷のサイトに陽イオン，正電荷のサイトに陰イオンが吸着することが想定されている。Stern層で起きている陽イオン，陰イオンの吸着平衡は，ボルツマン分布を考慮した質量作用の法則により，次式で表わされる。

$$\frac{[FeOH^{0.5-}] a_{Na^+} \exp(-e\Psi_d/k_B T)}{[FeOH^{0.5-} \cdot Na^+]} = K_+ = 10^{-pK_+} \tag{28}$$

$$\frac{[\mathrm{FeOH_2^{0.5+}}]\,a_{\mathrm{NO_3^-}} \exp{(e\Psi_d/k_BT)}}{[\mathrm{FeOH_2^{0.5+}\cdot NO_3^-}]} = K_- = 10^{-\mathrm{p}K_-} \quad (29)$$

ここで $a_{\mathrm{Na^+}}$ はナトリウムイオンの活量, $a_{\mathrm{NO_3^-}}$ は硝酸イオンの活量, $K_+$ と $K_-$ は陽イオン, 陰イオンの解離定数である.

表面電荷密度 $\sigma$ は, 各解離基が $\pm 0.5$ の電荷を持っていることから

$$\begin{aligned}\sigma = 0.5e\,(&[\mathrm{FeOH_2^{0.5+}}] + [\mathrm{FeOH_2^{0.5+}\cdot NO_3^-}] \\ &- [\mathrm{FeOH^{0.5-}}] - [\mathrm{FeOH^{0.5-}\cdot Na^+}])\end{aligned} \quad (30)$$

で与えられ, Stern 層の電荷密度 $\sigma_S$ は吸着した陽イオン, 陰イオンに起因するため

$$\sigma_s = e\,([\mathrm{FeOH^{0.5-}\cdot Na^+}] - [\mathrm{FeOH_2^{0.5+}\cdot NO_3^-}]) \quad (31)$$

で与えられる. 単位面積あたりの拡散層の電荷密度を $\sigma_d$ とすると, 電気的中性から

$$\sigma + \sigma_s + \sigma_d = 0 \quad (32)$$

を満たす必要がある. 全解離基の表面数濃度 $\varGamma_T$ は以下の式で表わされる.

$$\begin{aligned}\varGamma_T = &[\mathrm{FeOH_2^{0.5+}}] + [\mathrm{FeOH_2^{0.5+}\cdot NO_3^-}] + [\mathrm{FeOH^{0.5-}}] \\ &+ [\mathrm{FeOH^{0.5-}\cdot Na^+}]\end{aligned} \quad (33)$$

電荷と電位の関係は, Stern 層ではコンデンサーモデルにより

$$\sigma = C_s(\Psi_0 - \Psi_d) \quad (34)$$

となり, 拡散層では GC の理論より

$$\sigma_d = -\left(\frac{2\varepsilon_r\varepsilon_0\kappa k_B T}{e}\right)\sinh\left(\frac{e\Psi_d}{2k_B T}\right) \quad (35)$$

となる.

p$K$, p$K_+$, p$K_-$, $C_s$, $\varGamma_T$ を決定し, 式(24), (25), (28)-(35)

106  IV 表面電荷の測定とモデル

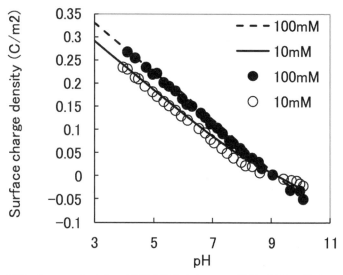

図IV-6 ヘマタイトの表面電荷密度と pH の関係。図中の数字は NaNO$_3$ 濃度である。記号は文献（Schudel et al., 1997）から読み取った実験値，曲線は1pK Stern モデルによる計算値である。

を連立させて数値的に解くことにより，任意のpH，電解質濃度における表面電荷密度や表面電位，拡散層電位を計算することができる。

図IV-6，7にはそれぞれ電解質濃度10および100mMにおけるヘマタイト（α-Fe$_2$O$_3$）粒子の表面電荷密度と電気泳動移動度（EPM）がpHに対してプロットされている。図中の記号はSchudel *et al.*, (1997) による実験値であり，曲線は1pK Stern モデルによる計算値である。ヘマタイトのPZC，等電点（IEP）がpH=9付近であり，それ以下のpHでは正に帯電しており，それ

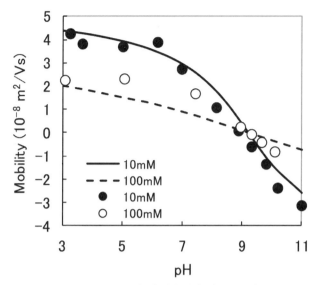

図Ⅳ-7 ヘマタイトの電気泳動移動度(Mobility)とpHの関係。図中の数字はNaNO₃濃度である。記号は文献(Schudel et al., 1997)から読み取った実験値,曲線は1pK Stern モデルと電気泳動理論による計算値である。

以上では負に帯電していることがわかる。計算においては,$pK = 9.2$,$\Gamma_T = 8\,\mathrm{nm}^{-2}$,$C_s = 1.1\,\mathrm{Fm}^{-2}$,$pK_+ = pK_- = 0.3$ が使用されている。なお,EPMの計算においては,CL粒子とシリカの例と同様に,緩和効果を考慮した理論(Ohshima et al., 1983)が用いられている。また,ゼータ電位 $\zeta$ と拡散層電位 $\Psi_d$ は等しいと仮定されている。ここで想定しているモデルでは,$pK$ は $pK = \mathrm{PZC} = \mathrm{IEP}$ として決まり,$\Gamma_T$ はシリカと同様の考察により定められる。$C_s$,$pK_+$,$pK_-$ の値はフィッティングパラメータで

ある。図IV-6，7から，pHと電解質濃度が異なっても，1組のp$K$，$\Gamma_T$，$C_s$，p$K_+$，p$K_-$，を採用した1p$K$ Sternモデルによる計算値と電荷密度ならびにEPMの実験値とが良好に一致することがわかる。

1p$K$-Sternモデルによる帯電特性の解析はチタニア，アルミナなど他の酸化物についても適用されている。しかし，多くの場合，表面電荷密度に対してのみ解析が試みられている。同一の粒子に対して，滴定により得られた表面電荷密度$\sigma$と界面動電現象により得られたゼータ電位$\zeta$の両方の実験結果を，同一のモデルパラメータを採用した理論モデルにより解析しようとする試みはそれほど多くない。また，同じパラメータでは$\sigma$と$\zeta$の両者を良好に記述することはできないとの報告例（Pham *et al.*, 2013）もある。本来，同一の表面であれば電荷密度もゼータ電位も同一の帯電機構から決まるはずである。この矛盾を解決するための実験・理論両面でのさらなる研究が必要である。

## 5．おわりに

pHに依存するコロイド粒子の帯電挙動の解析に対して適用できる比較的単純な理論的モデルを紹介した。ここで紹介したモデルは1p$K$モデルと呼ばれるものであり，酸解離定数と電気二重層理論がモデルのベースになっている。本章では1p$K$モデルが，カルボキシルラテックス，シリカ，ヘマタイトの表面電荷密度と電気泳動移動度のpH，電解質濃度依存性を良好に記述できることを示した。なお，ここでは触れなかったが，静電的反発力が存在する系でのコロイド粒子の凝集速度（安定度比）の解析におい

ても 1p$K$ モデルは有効であることが報告されている。しかしながら，近年，活発に利用されているコロイドプローブ原子間力顕微鏡法により得られた粒子間相互作用力から推定されるシリカの表面電位と 1p$K$ basic Stern モデルにより計算される電位とは必ずしも一致しないことが指摘されている（小林，2010）。粒子間相互作用に実質的に有効に作用している電位の実態はいまだ明確になっているとは言えない。今後のさらなる研究が必要であろう。

# 文　献

Behrens, S. H., Christl, D. I., Emmerzael, R., Schurtenberger, P., and Borkovec, M. 2000. Charging and Aggregation Properties of Carboxyl Latex Particles: Experiments versus DLVO Theory, *Langmuir*, **16**, 2566-2575.

Bolt, G. H. 1957. Determination of the charge density of silica sols. *J. Phys. Chem.*, **61**, 1166-1169.

Čakara, D. 2004. Charging behavior of polyamines in solution and on surfaces: A potentiometric titration study, PhD dissertation, Université de Genève.

Hiemstra, T., Van Riemsdijk, W. H., and Bolt, G. H. 1989a. Multisite proton adsorption modeling at the solid/solution interface of (hydr) oxides: A new approach: I. Model description and evaluation of intrinsic reaction constants, *J. Coll. Interf. Sci.*, **133**, 91-104.

Hiemstra, T., de Wit, J. C. M., and van Riemsdijk, W. H. 1989b. Multisite proton adsorption modeling at the solid/solution interface on (hydr) oxides—A new approach: II. Application to various important (hydr) oxides. *J. Coll. Interf. Sci.*, **133**, 105-117.

Kobayashi, M., Juillerat, F., Galletto, P., Bowen, P., and Borkovec, M. 2005a. Aggregation and charging of colloidal silica particles: effect of particle size. *Langmuir*, **21**, 5761-5769.

Kobayashi, M., Skarba, M., Galletto, P., Cakara, D., and Borkovec, M. 2005b. Effects of heat treatment on the aggregation and charging of Stöber-type silica. *J. Coll. Interf. Sci.*, **292**, 139-147.

O'Brien, R W., and White, L. R. 1978. Electrophoretic mobility of a spherical colloidal particle, *J. Chem. Soc., Faraday Trans. 2*, **74**, 1607-1626.

Ohshima, H., Healy, T. W., and White. L. R. 1983. Approximate analytic expressions for the electrophoretic mobility of spherical colloidal particles and the conductivity of their dilute suspensions, *J. Chem. Soc., Faraday Trans. 2*, **79**, 1613-1628.

Pham, T. D., Kobayashi, M., and Adachi, Y. 2013. Interfacial characterization of $\alpha$-alumina with small surface area by streaming potential and chromatography, *Coll. Surf. A*, **436**, 148-157.

Rossotti, F. J. C. and Rossotti, H. 1965. Potentiometric titrations using Gran plots : A textbook omission, *J. Chemical Education,* **42**, 375-378.

Schudel, M., Behrens, S. H., Holthoff, H., Kretzschmar, R., and Borkovec, M. 1997. Absolute aggregation rate constants of hematite particles in aqueous suspensions : a comparison of two different surface morphologies. *J. Coll. Interf. Sci.*, **196**, 241-253.

Sugimoto, T., Kobayashi, M., and Adachi, Y. 2014. The effect of double layer repulsion on the rate of turbulent and Brownian aggregation : experimental consideration. *Coll. Surf. A.*, **443**, 418-424.

Szekeres, M., and Tombácz, E. 2012. Surface charge characterization of metal oxides by potentiometric acid-base titration, revisited theory and experiment. *Coll. Surf. A*, **414**, 302-313.

大瀧仁志 1990，イオンの水和，共立出版，東京．

小笠原正明・瀬尾真浩・多田旭男・服部英編 1996 新しい物理化学実験 第2版，三共出版，東京．

高分子学会高分子実験学編集委員会編 1978，高分子電解質，共立出版，東京．

小林幹佳 2010．水中に懸濁した微粒子の凝集分散―基礎理論とその適用性．*塗装工学*，**45**，419-432.

# V 柔らかい粒子の電気泳動と静電相互作用

大島　広行

1. はじめに
2. 柔らかい粒子の界面電気現象の主役：Donnan 電位
3. 電気泳動：柔らかい粒子ではゼータ電位が意味を失う
4. 柔らかい粒子間の静電相互作用：Donnan 電位制御型モデル
5. 表面層の接触後の静電相互作用
    5-1　圧縮モデル（2段階モデル）
    5-2　嵌合-圧縮モデル（3段階モデル）
6. おわりに

---

Electrophoresis and electrostatic interaction of soft particles

Hiroyuki OHSHIMA

## 1. はじめに

高分子電解質のような soft matter から成る表面層で覆われた粒子を柔らかい粒子[注]（soft particle）とよぶ（図V-1）。柔らかい球状粒子は，表面層が無いと球状剛体粒子になり，コアが無いと球状高分子電解質になるので，球状高分子電解質と剛体粒子は柔らかい粒子の二つの極限の場合と考えられる（図V-2）。柔らかい粒子の界面電気現象は表面構造をもたない剛体粒子の挙動と大きく異なる（Ohshima, 2006, 2010, 2012a, 2013；大島，2013）。ここでは，電解質水溶液中の柔らかい粒子が外部電場の中でどのような運動をするかという電気泳動の問題と二つの柔らかい粒子が互いに接近したとき，どのような静電的相互作用が生じるかとい

図V-1　Soft matter の表面層で覆われた柔らかい粒子

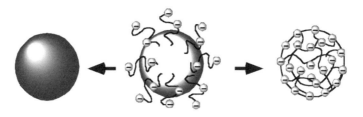

剛体粒子　　　　柔らかい粒子　　　　球状高分子電解質

図V-2　柔らかい球状粒子は，表面層が無いと球状剛体粒子になり，コアが無いと球状高分子電解質になる。

う二つの問題を中心に論じる。とくに，後者では，表面電荷層が接触後の相互作用についても扱う。

注)生命体や土壌環境中では，赤血球・細菌・腐植物質に覆われた粘土粒子などが，柔らかい粒子である。赤血球や細菌細胞表面は，図V-1のように，荷電性のヒゲ状高分子を持っている。

## 2．柔らかい粒子の界面電気現象の主役：Donnan電位

電解質溶液中にある平板状の粒子を考えよう。電解質は価数が$z$でバルク濃度（数密度）が$n$の対称型とする。はじめに，剛体粒子を扱う。表面に垂直に$x$軸をとり，表面上に原点を定める。粒子周囲には対イオン（粒子の電荷と反対符号のイオン）が粒子表面の電荷からのクーロン引力で集まり副イオン（粒子の電荷と同符号のイオン）が遠ざけられる。この結果，粒子電荷と対イオンの間で拡散電気二重層が形成されるが，イオンの熱運動のため，イオン分布は拡散構造をとる。図V-3(a)は剛体粒子周囲の拡散電気二重層と電位の分布の模式図である。粒子表面に垂直に$x$軸

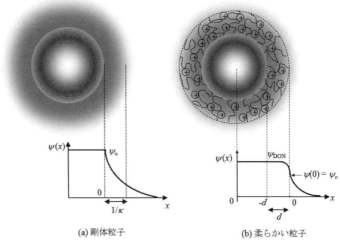

図V-3　剛体粒子(a)と柔らかい球状粒子(b)の周囲の拡散電気二重層と電位分布

をとり，表面を原点にとる。領域 $x>0$ が電解質溶液に対応する。拡散電気二重層を横切る電位分布 $\psi(x)$ は以下の Poisson-Boltzmann 方程式を解いて求められる。

$$\frac{d^2\psi}{dx^2} = \frac{zen}{\varepsilon_r\varepsilon_0}\left[\exp\left(\frac{ze\psi}{kT}\right) - \exp\left(-\frac{ze\psi}{kT}\right)\right], \quad x>0 \tag{1}$$

ここで，$\varepsilon_0$ は真空の誘電率，$\varepsilon_r$ は電解質溶液の比誘電率，$e$, $k$, $T$ はそれぞれ素電荷，Boltzmann 定数，絶対温度である。(1)式の解は次のように得られる。

$$\psi(x) = \frac{2kT}{ze}\ln\left(\frac{1+\gamma e^{-\kappa x}}{1-\gamma e^{-\kappa x}}\right) \tag{2}$$

ただし，

## 2．柔らかい粒子の界面電気現象の主役：Donnan 電位

$$\gamma = \tanh\left(\frac{ze\psi_0}{4kT}\right) \tag{3}$$

ここで，$\kappa$ は Debye-Hückel のパラメタと呼ばれ，次式で与えられる。

$$\kappa = \left(\frac{2nz^2e^2}{\varepsilon_r\varepsilon_0 kT}\right)^{1/2} \tag{4}$$

$\psi_0$ は粒子の表面電位であり，表面電荷密度 $\sigma$ と次式で結ばれる。

$$\psi_0 = \frac{2kT}{ze}\ln\left[\frac{ze\sigma}{2\varepsilon_r\varepsilon_0\kappa kT} + \left\{\left(\frac{ze\sigma}{2\varepsilon_r\varepsilon_0\kappa kT}\right)^2 + 1\right\}\right] \tag{5}$$

(2)式が示すように，表面近傍の電位分布はほぼ指数関数的に減衰する。

次に，柔らかい粒子を考える（図V-3(b)）。粒子は高分子電解質から成る厚さ $d$ の表面層で覆われ，この表面層内に電解質イオンが浸入できるものとする。表面層に垂直に $x$ 軸をとり，表面層と周囲の電解質溶液の境界面の位置を原点にとる。領域 $x>0$ が表面層の外部に，$-d<x<0$ が表面層内部に対応する。表面内外の電位分布 $\psi(x)$ を図V-3に模式的に示した。表面層内に価数 $Z$ の解離基が数密度 $N$ で一様に分布している場合を考える。電位分布 $\psi(x)$ は以下の Poisson-Boltzmann 方程式を解いて求められる。表面層外部（$x>0$）に対しては(1)式が適用されるが，表面層内部（$-d<x<0$）に対しては，表面層内の固定電荷 $ZeN$ の寄与が考慮した次式が適用される。

$$\frac{d^2\psi}{dx^2} = \frac{zen}{\varepsilon_r\varepsilon_0}\left[\exp\left(\frac{ze\psi}{kT}\right) - \exp\left(-\frac{ze\psi}{kT}\right)\right] - \frac{ZeN}{\varepsilon_r\varepsilon_0},$$
$$-d<x<0 \tag{6}$$

(5)式と(6)式を連立させて解くと，表面層を横切る電位分布が得られる．表面層が Debye 長 $1/\kappa$ より十分厚い場合，表面層の奥深い部分の電位は次式で与えられる Donnan 電位（$\psi_{\mathrm{DON}}$ と表す）に等しくなることがわかる．

$$\psi_{\mathrm{DON}} = \frac{kT}{ze}\ln\left[\left(\frac{ZN}{2zn}\right)+\sqrt{\left(\frac{ZN}{2zn}\right)^2+1}\,\right] \tag{7}$$

表面層が Debye 長より十分厚い場合は，粒子コア表面が帯電していてもその影響は小さい．また，表面層は一定の厚さをもつ階段関数状であるが，電位分布はイオンの熱運動のために階段関数的でなく指数関数的な変化を示す（図V-4）．このとき表面層の先端（$x=0$）の電位を柔らかい粒子の表面電位とよび，$\psi_{\mathrm{o}}$ で表す．$\psi_{\mathrm{o}}$ は次式で与えられる．

$$\begin{aligned}\psi_{\mathrm{o}} &= \psi_{\mathrm{DON}} - \frac{kT}{ze}\tanh\left(\frac{ze\psi_{\mathrm{DON}}}{2kT}\right) \\ &= \left(\frac{kT}{ze}\right)\left(\ln\left[\frac{ZN}{2zn}+\left\{\left(\frac{ZN}{2zn}\right)^2+1\right\}^{1/2}\right]+\frac{2zn}{ZN}\left[1-\left\{\left(\frac{ZN}{2zn}\right)^2+1\right\}^{1/2}\right]\right)\end{aligned} \tag{8}$$

さらに，表面層内の電位分布は近似的に次式で与えられる．

$$\psi(x) = \psi_{\mathrm{DON}} + (\psi_{\mathrm{o}} - \psi_{\mathrm{DON}})e^{\kappa_{\mathrm{m}}x} \tag{9}$$

ここで，

$$\kappa_{\mathrm{m}} = \kappa\left[1+\left(\frac{ZN}{2zn}\right)^2\right]^{1/4} \tag{10}$$

は表面層内の Debye-Hückel のパラメタと解釈できる．剛体表面の場合，表面電位 $\psi_{\mathrm{o}}$ が(5)式のように表面電荷密度 $\sigma$ で与えられるのに対し，柔らかい表面では(8)式のように体積密度 $N$ で与えられる点に注意したい．

2．柔らかい粒子の界面電気現象の主役：Donnan電位　117

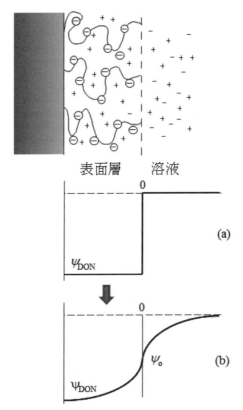

図V-4　Donnan電位分布は階段関数状で
　　　　はなく指数関数的に変化する。

118　V　柔らかい粒子の電気泳動と静電相互作用

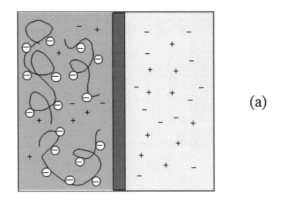

**半透膜**

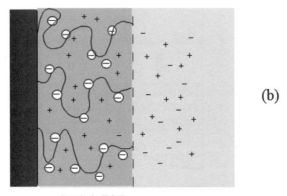

**表面電荷層**

図V-5　半透膜内外の電位差と表面層深部の電位はどちらも Donnan 電位である。

また，電解質溶液の入った容器を半透膜で二分し，一方に半透膜を通らない高分子電解質を入れたとき，半透膜の両側にDonnan電位が発生するが，柔らかい粒子のDonnan電位はこのDonnan電位と同じものである。高分子電解質を半透膜で局在させるのも，高分子電解質の一端を固体表面に固定するのも，高分子電解質をある領域に局在させる点で等価である（図V-5）。

## 3．電気泳動：柔らかい粒子ではゼータ電位が意味を失う

粒子を分散させた電解質溶液に電場 $E$ を加えると，粒子に働く電場からの力と液体からの粘性抵抗がつりあって粒子は等速度 $U$ で動く。これが電気泳動である（北原・古澤・尾崎・大島, 2012）（図V-6）。電気泳動速度の大きさ $U$ を電場の大きさ $E$ で割った量を電気泳動移動度 $\mu$ とよぶ（$\mu = U/E$）。粒子の電気泳動移動度を測定すると粒子のゼータ電位 $\zeta$ を見積もることができる。こ

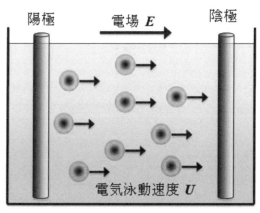

図V-6　電気泳動の原理

のとき，最もよく用いられる式が以下の Smoluchowski の式である。

$$\mu = \frac{\varepsilon_r \varepsilon_0}{\eta} \zeta \tag{11}$$

ここで，$\eta$ は溶液の粘度である。(11)式は粒子のサイズが Debye 長に比べて十分大きいときに適用される。半径 $a$ の球状粒子の場合，この条件は $\kappa a \gg 1$ である。逆に $\kappa a \ll 1$ のときは次の Hückel の式が用いられる。

$$\mu = \frac{2\varepsilon_r \varepsilon_0}{3\eta} \zeta \tag{12}$$

Smoluchowski の式と係数 2/3 だけ異なる。任意の $\kappa a$ に対しては Henry の式が用いられる。Henry の式は $\kappa a \to \infty$ で Smoluchowski の式に帰着し，逆に $\kappa a \to 0$ で Hückel の式になる。Henry の式に対して以下の近似式が導かれている (Ohshima, 2006; Ohshima, 2010)。

$$f(\kappa a) = \frac{2}{3}\left[1 + \frac{1}{2\left(1 + \frac{2.5}{\kappa a\{1 + 2\exp(-\kappa a)\}}\right)^3}\right] \tag{13}$$

以上述べた Smoluchowski, Hückel, Henry の各式は流速 $\boldsymbol{u}$ に対する Navier-Stokes 方程式（遅い流れの近似を用いる）

$$\eta \Delta \boldsymbol{u} - \nabla p - \rho_{el} \nabla \psi = 0 \tag{14}$$

を解いて得られる。ここで，$p$ は圧力，$\rho_{el}$ は電解質由来の電荷である。Smoluchowski, Hückel, Henry の各式は拡散電気二重層の変形効果（緩和効果という）を無視している。ゼータ電位が高くなると（50mV 以上），緩和効果を考慮する必要がある。

## 3. 電気泳動：柔らかい粒子ではゼータ電位が意味を失う

ゼータ電位は表面構造をもたない剛体粒子の界面電気現象を決定する重要な因子であり，一般にゼータ電位を粒子の表面電位 $\psi_o$ とみなして粒子間の静電相互作用を計算する。しかし，以下に示すように，柔らかい粒子ではその意味を失う。

柔らかい粒子の電気泳動の理論 (Ohshima, 2006, 2010, 2012a, 2013；大島, 2013) は，表面層外部の液体の流速 $\boldsymbol{u}$ に対しては(14)式を適用し，表面層内部に対しては，Debye-Bueche-Brinkman モデルに基づく次式を適用する。

$$\eta\Delta\boldsymbol{u}-\gamma\boldsymbol{u}-\nabla p-\rho_{el}\nabla\psi=\boldsymbol{0} \tag{15}$$

このモデルでは表面層内に高分子セグメントによる抵抗点が一様に分布し，表面層内の液体の流れに対して単位体積当たり $\gamma\boldsymbol{u}$ の抵抗を及ぼすものと仮定する。高分子セグメントを半径 $a_p$ の微小な球とみなし，その数密度を $N_p$ とすると，$\gamma$ は $\gamma=6\pi\eta a_p N_p$ と表される。

(14)式と(15)式を連立させて解くと，厚さ $d$ の表面層（価数 $Z$ の解離基が数密度 $N$ で一様に分布）で覆われた球状の柔らかい粒子（コア半径 $a$）の電気泳動移動度 $\mu$ に対して次式が得られる。

$$\mu=\frac{2\varepsilon_r\varepsilon_o}{3\eta}\left(1+\frac{a^3}{2b^3}\right)\frac{\psi_o/\kappa_m+\psi_{DON}/\lambda}{1/\kappa_m+1/\lambda}+\frac{ZeN}{\eta\lambda^2} \tag{16}$$

ここで，$b=a+d$ である。また，

$$\lambda=\sqrt{\frac{\gamma}{\eta}}=\sqrt{6\pi a_p N_p} \tag{17}$$

であり。その逆数 $1/\lambda$ は柔らかさのパラメタと呼ばれる量である。$1/\lambda$ が $1/\kappa_m$ に比べて大きいほど，表面層内部を流れる液体が高分子セグメントから受ける抵抗が小さくなり，粒子の"柔ら

かさ"が増す。逆に$\kappa_m/\lambda \to 0$では柔らかい粒子は剛体粒子になる。

(16)式を用いて、赤血球等の細胞や微生物の電気泳動移動度のデータ解析が報告されている（例えば、Makino and Ohshima, 2011）。柔らかい粒子の電気泳動の特徴は(16)式の第2項の存在で、このために高い塩濃度でも、剛体粒子の場合から予想されるよりも速く泳動することである。すなわち、粒子が柔らかい粒子であるか剛体粒子であるかを見分けるには、粒子の電気泳動移動度$\mu$を電解質濃度に対してプロットすればよい。電解質濃度を高くすると、剛体粒子の移動度$\mu$は遮蔽効果のためにゼロに近づくが、柔らかい粒子では、(16)式の第2項の存在のために$\mu$は有限の値$\mu^\infty$に近づく。これが、剛体粒子と柔らかい粒子の大きな相違点である（図V-7）。(16)式は2つの未知のパラメタ、すなわち、表面層内の固定電荷の密度$N$と柔らかさのパラメタ$1/\lambda$を含むので、サンプルの電気泳動移動度を電解質濃度の関数として測定し、カーブフィッティングによってこれら二つのパラメタを決定する。図V-8は、ハイドロゲル（N-isopropylacrylamide）の層で覆ったラテックス粒子の電気泳動度をイオン強度の関数として測定した結果である（Ohshima et al., 1993）。このゲルは温度が32℃以下では、膨張し、32℃以上では収縮することが知られているが、電気泳動度の挙動は、この温度変化をよく反映し、ひげの生えた粒子の電気泳動挙動を示すことがわかる。

表面層内の固定電荷密度$ZeN$が高いか、あるいは電解質濃度$n$が低くなると、Donnan電位が大きくなり、緩和効果が顕著になる。緩和効果を考慮した電気泳動移動度$\mu$に対しては、以下の式が導かれている（Ohshima, 2011）。

3. 電気泳動：柔らかい粒子ではゼータ電位が意味を失う　123

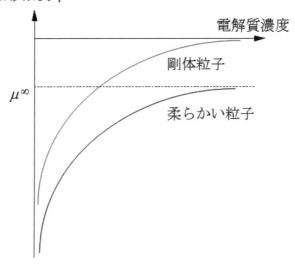

図V-7　剛体粒子と柔らかい粒子の電気泳動移動度の電解質濃度依存。

$$\mu = \frac{2\varepsilon_r\varepsilon_0}{3\eta}\left(1+\frac{a^3}{2b^3}\right)\frac{\phi_o/\kappa_m+\phi_{DON}/\lambda}{1/\kappa_m+1/\lambda}$$
$$+\frac{ZeN}{\eta\lambda^2}\left(1-\frac{F}{1+F}\cdot\frac{1}{1+e^{-|y_{DON}|}}\right)-\frac{F}{1+F}\cdot\frac{2\varepsilon_r\varepsilon_0}{3\eta}\left(1+\frac{a^3}{2b^3}\right)\left(\frac{kT}{ze}\right)$$
$$\times\left[2\ln\left(\frac{1+e^{|y_o|/2}}{2}\right)+\frac{\kappa}{\lambda}(e^{|y_o|/2}-1)-\frac{\kappa^2}{2\lambda(\lambda+\kappa_m)}\cdot\frac{e^{|y_{DON}|}-1}{1+e^{-|y_{DON}|}}\right] \quad (18)$$

$F$ は緩和効果を表すパラメタ，$y_o=ze\phi_o/kT$ と $y_{DON}=ze\phi_{DON}/kT$ はそれぞれ無次元化した表面電位と Donnan 電位である。図V-9は25℃の1-1型電解質水溶液中（濃度 $n$）における柔らかい粒子（半径 $a=1\mu m$, $a\approx b$）の電気泳動移動度 $\mu$ である。種々の電解質濃度 $n$ に対して $\mu$ を表面層内の固定電荷密度 $N$ の関数と

124　V　柔らかい粒子の電気泳動と静電相互作用

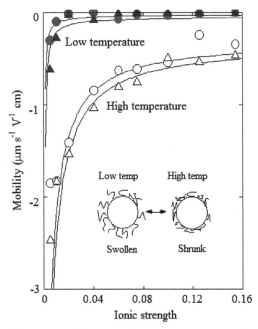

図V-8　ハイドロゲル（N-isopropylacrylamide）の層で覆ったラテックス粒子の電気泳動度のイオン強度と温度依存。●, 25℃；▲, 30℃（相転移温度以下）；○, 35℃；△, 40℃（相転移温度以上), pH7.4。実線は理論曲線：$ZN = -0.0015$M, $1/\lambda = 1.2$nm（25℃）; $ZN = -0.0025$M, $1/\lambda = 1.2$nm（30℃）; $ZN = -0.03$M, $1/\lambda = 0.9$nm（35℃, 40℃)。相転移温度（32℃）以上では収縮するため電荷密度が増加し, 泳動度は増大する。相転移温度以下では膨潤するため電荷密度が減少し, 移動度は低下する（Ohshima et al., 1993)。

3. 電気泳動：柔らかい粒子ではゼータ電位が意味を失う 125

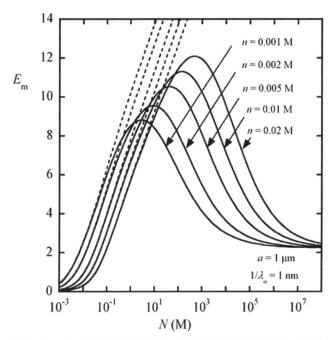

図V-9 1-1型電解質水溶液中 (25℃) における柔らかい粒子 (半径 $a=1\mu m$) の電気泳動移動度を種々の電解質濃度 $n$ に対して $\mu$ を表面層内の固定電荷密度 $N(M)$ の関数 ($Z=1$) として表す (Ohshima, 2011)。柔らかさのパラメタ $1/\lambda_o$ は $n=0.1M$ における値を表す。実線と点線はそれぞれ緩和効果を考慮した(18)式と無視した(16)式に対応する。縦軸は無次元化した電気泳動移動度 $E_m=(3\eta e/2\varepsilon_r\varepsilon_o kT)\mu$ である。

して表してある。緩和効果を考慮した(18)式を用いた計算結果（実線）と緩和効果を考慮しない(16)式に基づく結果（点線）を比較してある。図V-9から，$N \leq 0.1\,\text{M}$，$n \geq 0.001\,\text{M}$では，点線と実線がほぼ一致し緩和効果が小さいことがわかる。通常の測定で用いられる電解質濃度は0.01Mから0.154M（生理的条件に対応）程度で，報告されている$N$の値は0.1M程度以下，$1/\lambda$は1nm程度の大きさである。この範囲では緩和効果の影響は無視でき，(16)式が適用できると考えられる。

これまで，表面層内で高分子セグメントは均一分布をすると仮定し，その形状を階段関数で表した（この階段関数を後出するソフト階段関数と区別して，ハード階段関数とよぶ）。しかし，実際には高分子セグメントの長さは均一ではなく不均一である。その幅$\delta$が電気泳動移動度にどのような影響を及ぼすかを評価するために，高分子セグメントに対して不均一分布を仮定するモデルがいくつか提出されている。粒子表面に原点を置き，そこから溶液中に向かって$x$軸をとったとき，セグメント分布に対して指数関数モデル，$(1-\tanh(x/2\delta))/2$を仮定したシグモイド関数モデル，そしてハード階段関数モデルの角を丸くして$1-\exp(x/\delta)$を仮定したソフト階段関数モデルである（Ohshima, 2012b）（図V-10）。このモデルからは，表面層の厚さ$D$が$\delta$に比べて十分大きい場合，次式が得られる。

$$\mu = \frac{\varepsilon_r \varepsilon_0}{\eta} \frac{\psi_0/\kappa_m + \psi_{\text{DON}}/\lambda}{1/\kappa_m + 1/\lambda} + \frac{ZeN}{\eta \lambda^2} \\ - \frac{\varepsilon_r \varepsilon_0}{\eta}\left(\frac{kT}{ze}\right)\tanh\left(\frac{ze\psi_{\text{DON}}}{kT}\right)\frac{(\lambda\delta)(\kappa_m\delta)}{(1+\kappa_m\delta)(1+\lambda\delta)(1+\lambda/\kappa_m)} \quad (19)$$

3. 電気泳動：柔らかい粒子ではゼータ電位が意味を失う　127

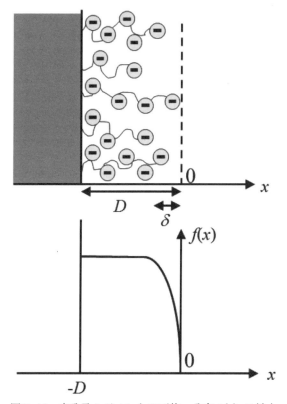

図V-10　高分子セグメントの不均一分布 $f(x)$ に対するソフト階段関数モデル。$f(x) = 1 - \exp(x/\delta)$。$D =$ 表面層の厚さ，$\delta =$ セグメント分布の不均一さの幅 ($\delta \ll D$)。(Ohshima, 2012)

この式の右辺第3項がセグメントの不均一分布の効果を表す補正項である。セグメントの不均一分布の幅 $\delta$ が $1/\kappa_m$, $1/\lambda$ より十分小さいとき,右辺第3項は0に近づき不均一分布の効果は無視できることがわかる。

## 4. 柔らかい粒子間の静電相互作用：Donnan 電位制御型モデル

2個の帯電粒子が接近するとそれぞれの電気二重層が重なり合い粒子間の領域の対イオン濃度が上昇するために過剰浸透圧による粒子間斥力が発生する（図V-11）。この力を求めるには,2つの粒子のいずれか一方を取り囲む任意の閉曲面上で Maxwell の応力と浸透圧を積分し,2粒子間の距離の関数として相互作用の力を求める。この静電斥力相互作用と粒子間の van der Waals 引

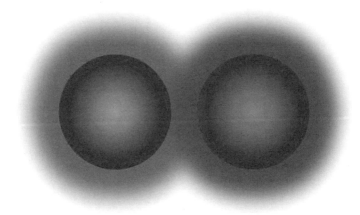

図V-11 電気二重層の重なりによる粒子間静電斥力の発生。

力相互作用のバランスで微粒子分散系の安定性を論じたのが Derjaguin-Landau-Verwey-Overbeek (DLVO) のコロイド安定性の理論である (例えば, Israelachvili, 2010)。

粒子間の静電相互作用の計算の際に, それぞれの粒子の表面電位が粒子間距離にかかわらず一定に保たれるモデル (一定表面電位モデル, 図V-12(a)) と表面電荷密度が一定に保たれると仮定するモデル (一定表面電荷密度モデル, 図V-12(b)) がある。図V-12には, 2枚の平行平板 (厚さ $d$ で表面間距離が $h$) 間の電位分布 $\psi(x)$ を表す。実線は $\kappa h=2$ の場合の電位分布であり, 点線は相互作用のない場合 ($\kappa h=\infty$) の電位分布である。もし, 粒子の表面電荷が表面に存在する解離基に由来し, その解離度が粒子間距離に依存しなければ一定表面電荷密度モデルが適用される。この場合, 粒子の表面電位 $\psi(0)$ は $h$ とともに変化し, 相互作用のないときの表面電位 $\psi_o$ とは異なる。また, ヨウ化銀粒子のように, 表面電位がヨウ素イオンまたは銀イオンの吸着のみで決まり, バルク相のヨウ素イオンまたは銀イオンの濃度のみで決まる場合, 粒子の表面電位は粒子間距離 $h$ に依存せず常に $\psi_o$ (相互作用のないときの表面電位) に等しく一定である。この場合, 一定表面電位モデルが適用される。

柔らかい粒子の相互作用の場合は, 上記の2つのモデルのいずれでもないDonnan電位制御モデルが適用される (Ohshima, 2006, 2010, 2012a, 2013；大島, 2013) (図V-13)。図V-13は2枚の柔らかい平板状粒子が接近したときの電位分布の変化を表しているが, 表面層の奥深いところの電位は平板間距離に無関係に常にDonnan電位に保たれている。相互作用のエネルギーおよび力は

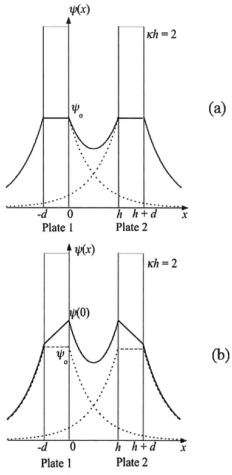

図V-12 2枚の剛体平板間（厚さ $d$ で表面間距離が $h$）の静電相互作用と電位分布 $\psi(x)$ の変化。線形近似に基づく計算結果。一定表面電位モデル(a)と一定表面電荷密度モデル(b)。

4．柔らかい粒子間の静電相互作用：Donnan 電位制御型モデル　131

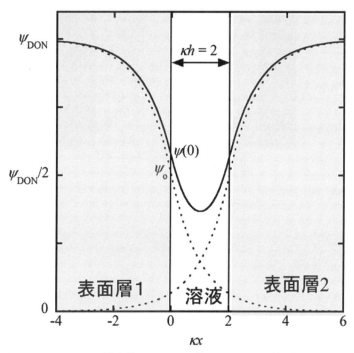

図 V-13　Donnan 電位制御モデル。2 枚の柔らかい同種平板間の電位分布の変化。線形近似に基づく計算結果。実線と点線はそれぞれ $\kappa h = 2$ と $\kappa h = \infty$ における電位分布。

ほぼ $\exp(-\kappa h)$ に比例して減衰する。

　図 V-14 に表面間距離 $h$ にある 2 枚の柔らかい平板 1 と 2 を示した。平板 1 と 2 の間の相互作用エネルギー $V_{\mathrm{pl}}(h)$（単位面積当たり）は，電位が低い場合，次式で与えられる。ただし，平板 1 と 2 の表面層の厚さをそれぞれ，$d_1$，$d_2$ とし，表面層内に価数 $Z_1$，$Z_2$，数密度 $N_1$，$N_2$ の解離基が分布しているものとする。したが

132　V　柔らかい粒子の電気泳動と静電相互作用

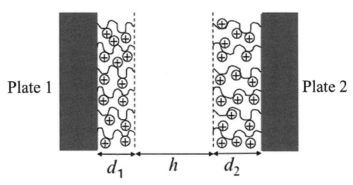

図V-14　距離 $h$ にある2枚の柔らかい平板間の静電相互作用。それぞれの表面層の厚さは $d_1$, $d_2$ である。

って，平板1と2の表面層内の電荷密度はそれぞれ，$\rho_{\text{fix}1} = Z_1 e N_1$，$\rho_{\text{fix}2} = Z_2 e N_2$ である。

$$V_{\text{pl}}(h) = \frac{1}{4\varepsilon_r\varepsilon_0\kappa^3}\left[\{\rho_{\text{fix}1}\sinh(\kappa d_1) + \rho_{\text{fix}2}\sinh(\kappa d_2)\}^2\left\{\coth\left(\frac{\kappa(h+d_1+d_2)}{2}\right) - 1\right\}\right.$$
$$\left. - \{\rho_{\text{fix}1}\sinh(\kappa d_1) - \rho_{\text{fix}2}\sinh(\kappa d_2)\}^2\left\{1 - \tanh\left(\frac{\kappa(h+d_1+d_2)}{2}\right)\right\}\right]$$

（単位面積当たり）　(20)

2枚の平板間の相互作用のエネルギーの表現からDerjaguinの近似を用いて対応する二つの球1, 2, 平行円柱1, 2（平行または交差）の間の相互作用エネルギーを計算することができる（図V-15）。

(1)　2個の柔らかい球

$$V_{\text{sp}}(H) = \frac{1}{\varepsilon_r\varepsilon_0\kappa^4}\left(\frac{\pi b_1 b_2}{b_1+b_2}\right) \times \left[\{\rho_{\text{fix}1}\sinh(\kappa d_1) + \rho_{\text{fix}2}\sinh(\kappa d_2)\}^2 \ln\left(\frac{1}{1-e^{-\kappa(H+d_1+d_2)}}\right)\right.$$
$$\left. - \{\rho_{\text{fix}1}\sinh(\kappa d_1) - \rho_{\text{fix}2}\sinh(\kappa d_2)\}^2 \ln(1+e^{-\kappa(H+d_1+d_2)})\right] \quad (21)$$

4. 柔らかい粒子間の静電相互作用：Donnan 電位制御型モデル    133

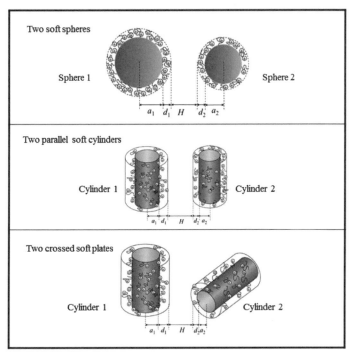

図Ⅴ-15　2個の柔らかい球または円柱間の静電相互作用

(2)　2個の平行な柔らかい円柱

$$V_{\text{cy}//}(H) = \frac{1}{2\varepsilon_r\varepsilon_o\kappa^{7/2}}\sqrt{\frac{2\pi b_1 b_2}{b_1+b_2}}\,[\{\rho_{\text{fix}1}\sinh(\kappa d_1)+\rho_{\text{fix}2}\sinh(\kappa d_2)\}^2 \text{Li}_{1/2}(e^{-\kappa(H+d_1+d_2)})$$
$$+\{\rho_{\text{fix}1}\sinh(\kappa d_1)-\rho_{\text{fix}2}\sinh(\kappa d_2)\}^2 \text{Li}_{1/2}(-e^{-\kappa(H+d_1+d_2)})\,]$$

（単位長さ当たり）　(22)

ここで，$\text{Li}_s(z)$ は多重対数関数である。

(4)　2個の交差する柔らかい円柱

$$V_{\text{cy}\perp}(H) = \frac{\pi\sqrt{b_1 b_2}}{\varepsilon_r \varepsilon_o \kappa^4}\left[\{\rho_{\text{fix}1}\sinh(\kappa d_1) + \rho_{\text{fix}2}\sinh(\kappa d_2)\}^2 \ln\left(\frac{1}{1-e^{-\kappa(H+d_1+d_2)}}\right)\right.$$
$$\left. - \{\rho_{\text{fix}1}\sinh(\kappa d_1) - \rho_{\text{fix}2}\sinh(\kappa d_2)\}^2 \ln(1+e^{-\kappa(H+d_1+d_2)})\right] \quad (23)$$

ただし,球1と円柱1の半径を $a_1$, 表面層の厚さを $d_1$, 球2と円柱2の半径を $a_2$, 表面層の厚さを $d_2$ とする。また, $b_1=a_1+d_1$, $b_2=a_2+d_2$ である。

## 5. 表面層の接触後の静電相互作用

ここまでの議論では,2つの粒子の表面層が接触するまでの静電相互作用を扱ってきた。ここでは,対称型電解質溶液中で(価数 $z$, 数密度 $n$) 2枚の同種の柔らかい平板(高分子ブラシ層)が互いに接触した後の静電相互作用を考えよう。2段階モデル(Ohshima, 1999)と3段階モデル(Ohshima, 2014)の二つのモデルが提出されている。

### 5-1 圧縮モデル(2段階モデル)

図V-16のように,接触前(第一段階)は各平板のコア上に厚さ $d_o$ の高分子電解質からなる表面層があり,コア面間の距離を $h$ とする。表面層内の解離基の価数を $Z$, 数密度を $N_o$ とする。2つの表面層が接触すると($h=2d_o$),表面層内で電位は平ら(電場がゼロ)になる。この電位はDonnan電位に等しい。さらに距離 $h$ が減少すると($h<2d_o$),表面層が圧縮されて表面層の厚さ $d$ ($=h/2$) は $d_o$ より小さくなり,表面層内の固定電荷の密度 $N$ が上昇してDonnan電位が増大する。ここで,2つの表面層は互いに組み合わさらずに表面層の圧縮のみが起きるものとする

5. 表面層の接触後の静電相互作用 135

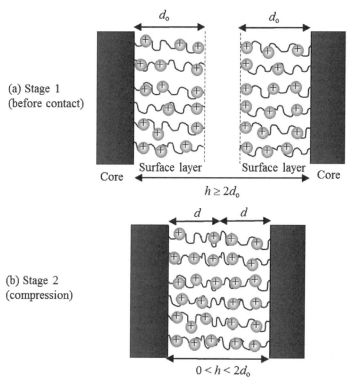

図V-16 圧縮モデル（2段階モデル）。2枚の柔らかい平板が接近して（stage 1），表面層（高分子ブラシ層）が接触後に圧縮される（stage 2）。

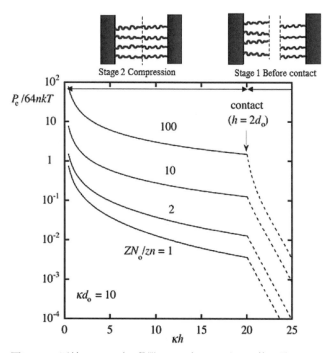

図V-17 圧縮モデル（2段階モデル）における2枚の柔らかい平板間の静電斥力（単位面積当たり）$P_e(h)$ を平板コア間の距離 $h$ の関数として示す。静電斥力と距離はそれぞれ無次元化してある。いくつかの $ZN_o/zn$ に対する計算結果を示す（Ohshima, 1999）。

(Ohshima, 1999)(第2段階)。したがって，$Nd = Nh/2 = N_\circ d_\circ$ が成り立つ。Donnan 電位が増大するために平板間に静電斥力が生じる。図V-17 に静電斥力の距離依存をしめし与えたが、Donnan 電位が低いときは，静電斥力は $1/h^2$ に比例し，Donnan 電位が高いときは，単位面積当たりの静電斥力 $P_e(h)$ は $1/h$ に比例することが示される (Ohshima, 1999)。

$$P_e(h) = \frac{|Z|N_\circ kT}{z}\left(\frac{2d_\circ}{h}\right) \tag{24}$$

一方 de Gennes の理論 (de Gennes, 1987) によれば，2枚の高分

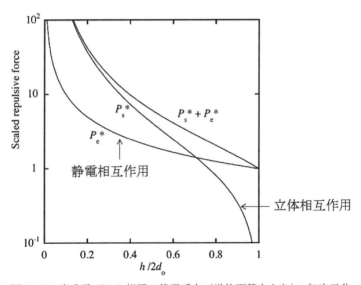

図V-18 高分子ブラシ相間の静電斥力 (単位面積あたり)。無次元化した静電斥力 $P_e{}^*(h) = P_e(h)/N_\circ kT$, 立体斥力 $P_s{}^*(h) = s^3 P_s(h)/kT$ および両者の和 $P_e{}^*(h) + P_s{}^*(h)$ をコア面間の距離 $h$ の関数として示す (Ohshima, 1999)。

子ブラシ層が接触し表面層が圧縮されるときに生じる単位面積当たりの斥力 $P_s(h)$ の表現として次式が導かれる。ここで，各表面層はサイズ $s$ のブロップ〈糸まり状の高分子の小塊〉から成るものとする。

$$P_s(h) \cong \frac{kT}{s^3}\left[\left(\frac{2d_0}{h}\right)^{9/4} - \left(\frac{h}{2d_0}\right)^{3/4}\right] \tag{25}$$

右辺第1項は浸透圧項であり，第2項は弾性項である。図V-18に $P_e(h)$ と $P_s(h)$ をコア面間距離 $h$ の関数として示した。$N_0 \approx 1/s^3$ であれば，$P_e(h)$ は $P_s(h)$ と同程度の大きさになり得ることがわかる。

### 5-2 嵌合-圧縮モデル（3段階モデル）

このモデルでは，2段階モデルでは考慮しなかった表面層の互いの組み合わせ（嵌合）を考慮する（Ohshima, 2014）（図V-19）。すなわち，第1段階（接触前），第2段階（嵌合，interdigitation），第3段階（圧縮，compression）である。このモデルにおける2枚の柔らかい平板間の静電斥力（単位面積当たり）$P(h)$ を平板コア面間の距離 $h$ の関数として図V-20に示した（Ohshima, 2014）。第2段階の点線は圧縮モデルの場合の結果である。嵌合の進行中は相互作用力 $P(h)$ はコア面間の距離 $h$ に依存せず，ほぼ一定に保たれることがわかる。

5. 表面層の接触後の静電相互作用 139

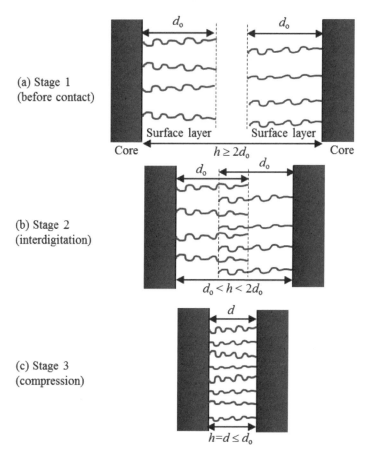

図V-19 嵌合-圧縮モデル（3段階モデル）。2枚の柔らかい平板が接近して（stage 1），表面層（高分子ブラシ層）が接触後に嵌合し（stage 2），続いて圧縮される（stage 3）。

140 　V　柔らかい粒子の電気泳動と静電相互作用

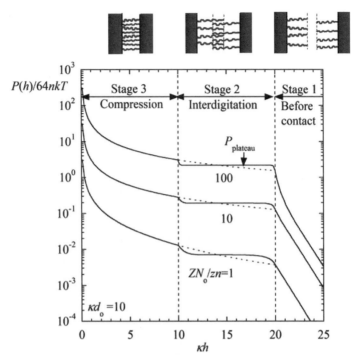

図V-20　嵌合-圧縮モデル（3段階モデル）における2枚の柔らかい平板間の静電斥力（単位面積当たり）$P(h)$ を平板コア面間の距離 $h$ の関数として示す。静電斥力と距離はそれぞれ無次元化してある。いくつかの $ZN_0/zn$ に対する計算結果を示す。点線は圧縮モデルの場合の結果である（Ohshima, 2014）。

## 6. おわりに

　ここで述べた静電場の中での柔らかい粒子の電気泳動の他に，重力場，振動電場，超音波の場の中での柔らかい粒子の界面動電現象運動，濃厚系における柔らかい粒子の電気泳動，対イオンのみからなる系については文献（Ohshima, 2006, 2010）を参照されたい．また，静電相互作用以外の粒子間の相互作用については文献（Israelachvili, 2010）に詳しい解説がある．

## 文　　献

de Gennes, P. G. 1987. Polymers at interfaces ; a simplified view. *Adv. Colloid Interface Sci.*, 27, 189-209.

Israelachvili, J. N. 2010. Intermolecular and Surface Forces, Third Edition, Academic Press/Elsevier, Amsterdam. 大島広行訳，分子間力と表面力　第3版，朝倉書店，東京．

北原文雄・古澤邦夫・尾崎正孝・大島広行 2012. ゼータ電位，再版．サイエンティスト社，東京

Makino, K and Ohshima, H. 2011. Soft particle analysis of electrokinetics of biological cells and their model systems. *Sci. Technol. Adv. Mater.*, 12, 023001-023013.

Ohshima, H., Makino, K., Kato, T., Fujimoto, K., Kondo T. and H. Kawaguchi, H. 1993. Electrophoretic Mobility of Latex Particles Covered with Temperature-Sensitive Hydrogel Layers. *J. Colloid Interface Sci.*, 159, 512-514.

Ohshima, H. 1999. Electrostatic repulsion between two parallel plates covered with polymer brush layers. *Colloid Polym. Sci.*, 277, 535-540.

Ohshima, H. 2006. Theory of Colloid and Interfacial Electric Phenomena. Elsevier/Academic Press, Amsterdam.

Ohshima, H. 2010. Biophysical Chemistry of Biointerfaces. John Wiley & Sons, Hoboken NJ.

Ohshima, H. 2011. Electrophoretic mobility of a highly charged soft particle. Relaxation effect. *Colloid Surf. A. Physicochem. Eng. Asp.*, 376, 72-75.

Ohshima, H. 2012a. Electrical phenomena in a suspension of soft particles. *Soft Matter*, 8, 3511-3514.

Ohshima, H. 2012b. Electrical phenomena of soft particles. A soft step function model. *J. Phys. Chem. A.* 116, 6473-6480.

大島広行 2013. 柔らかい粒子の電気泳動と静電相互作用. 日本物理学会誌, 68, 89-97.

Ohshima, H. 2013. Electrokinetic phenomena of soft particles. *Curr. Opin. Colloid Interf. Sc.*, 18, 73-82.

Ohshima, H. 2014. Electrostatic repulsion between two parallel plates covered with polyelectrolyte brush layers. Effects of interdigitation, *Colloid Polym. Sci.*, 292, 431-439.

# Ⅵ 微生物の付着とバイオフィルム形成

森崎　久雄

1. はじめに
2. 微生物の付着
   2-1　微生物は表面に影響される生物
   2-2　微生物細胞に働く反発力と引力
   2-3　微生物細胞の付着メカニズム　―これまでの取り扱い―
   2-4　微生物細胞の付着メカニズム　―新しい展開―
3. 微生物の細胞表面特性と付着の強さとの関連
   3-1　コロニー形成時間と増殖速度との関連
   3-2　細菌の増殖速度と細胞表面特性
   3-3　細胞表面特性と付着の強さ
4. 付着後のバイオフィルム形成とバイオフィルムの特性
   4-1　バイオフィルムとは
   4-2　バイオフィルム中の微生物
   4-3　細胞外高分子物質
   4-4　バイオフィルム間隙水
   4-5　バイオフィルムによるイオンの取り込み
5. おわりに

───────　―　───────　―　───────　―　───────

Microbial attachment and biofilm formation

Hisao MORISAKI

144　Ⅵ　微生物の付着とバイオフィルム形成

## 1. はじめに

　微生物は微小で肉眼では観察できない。この微小な生物が，自然環境中でどのような状態で存在し，どのような働きをしているか，我々はどれほど理解しているのだろうか。理由は定かではないが，液体中を浮遊している状態が微生物の通常の姿と捉えられてしまう傾向があるように思われる。しかし，これは自然環境中の微生物には当てはまらない。例えば，琵琶湖水中の細菌密度は1 mL 当たりおよそ 100 万のオーダーであるのに対し，後述するように湖水と接した固体表面に形成されるバイオフィルム中の細菌密度はその数百倍以上にも達する (Hiraki *et al.*, 2009)。自然環境中では，付着した状態がむしろ微生物の通常の姿であると言える。

　浮遊した状態から付着した状態に移行すると，微生物の生理的性質は大きく変化する。また，付着した微生物が単独で存在することはまれで，周囲には多種多様な微生物が隣り合わせている。これら付着状態にある微生物の間には様々な相互作用が生じ，一種の多細胞生物の様相を呈するようになる。さらに，これら多種多様な微生物の細胞はむき出しの状態ではなく，細胞外多糖類をはじめ様々な高分子（タンパク質，核酸，脂質など）から成る細胞外物質が作り出す構造体中に存在している。このような微生物共同体はバイオフィルムと呼ばれ，固体表面と水とが接するところに普遍的に見られる。

　本章では，微生物が浮遊状態から付着状態にどのようなメカニズムで移行するのか，また自然環境中の微生物の細胞表面特性，

これら表面特性と微生物の付着の強さとの関連，さらに付着後に形成されるバイオフィルムの諸性質について，筆者の研究室で得た知見を中心に，紹介する。

## 2. 微生物の付着

### 2-1　微生物は表面に影響される生物

微生物は小さい。その大きさは人間の目で認識できるレベル（0.1〜1mm）以下である。中でも細菌はずいぶん小さくて，100万個の細胞を並べてやっと数mの長さに達する程度である。ところで，生物は小さくなるほど，その表面の性質に支配されるようになる。例えば，半径rの球状の微生物細胞を仮定すると，その細胞の表面積は$4\pi r^2$である。一方，細胞の質量は密度を$\rho$とすると，$(4/3)\pi r^3 \rho$で表される。従って，単位質量当たりの表面積（比表面積）は$3/(r\rho)$となり，細胞の大きさに反比例する。即ち，小さな細胞ほど，その比表面積が大きくなる。微生物の比表面積は人間の数十万倍以上に達すると考えられ，このような小さな生物の挙動は細胞表面の性質に大きく左右されると言える。次に述べるように，微生物細胞が付着する際にも，細胞表面の性質が重要になってくる。

### 2-2　微生物細胞に働く反発力と引力

微生物の細胞表面は一般に負に帯電している。自然環境は同じく負に帯電した表面に満ちている。負に帯電した二つの物質表面間には，静電的反発力が働く。反発力ばかりでは微生物は物の表面に付着できないが，両者の間には引力（van der Waals力）も働く。大雑把に言えば，この引力と静電的反発力のどちらが勝つか

負けるかで,微生物が付着するかどうかが決まる(水和,疎水性相互作用など他にも付着に影響する因子があるので注意を要するが)。

### 2-3 微生物細胞の付着メカニズム ―これまでの取り扱い―

水中の微生物細胞に静電場をかけると,ある一定の速さで動く。この速度を電場の強さで割り算すれば単位電場強さ当たりの電気泳動速度(電気泳動移動度)が求まり,これから細胞の表面電位を見積もることができる。一方,細胞が付着する基質表面の表面電位は電気浸透流の速さ,流動電位などから求めることができる。細胞と付着基質の二つの電位が求まればこれらの間に働く静電的相互作用エネルギーが求まる。他方,細胞と基質表面間の van der Waals 力に由来する相互作用エネルギーは両者間の実効ハマカー定数から求めることができる。ここで,多数の分子からなる細胞と基質表面の間の van der Waals 力を積算し,距離の関数として両者の間の引力を見積もったときの比例定数がハマカー定数で,間に介在する媒質(例えば,水)の影響を考慮したものが実効ハマカー定数である。このように,静電的反発力,van der Waals 力,各々に由来する相互作用エネルギーを足し算してやれば,微生物細胞が基質表面に近づくときの両者間の距離と相互作用エネルギーの関係を知ることができる。このようにコロイド粒子の安定性を取り扱う DLVO 理論(旧ソ連の Derjaguin と Landau,およびオランダの Verwey と Overbeek の四人の科学者の名前の頭文字を取って,こう呼ばれている)を微生物細胞の付着に適用して,微生物の付着メカニズムが論じられて来た(Marshall 1976)。それによれば,自然環境中の一般的な条件で

は，微生物細胞と基質表面の間には非常に大きなエネルギー障壁（通常，微生物細胞の熱運動エネルギーの数十倍以上）が横たわっている。

### 2-4 微生物細胞の付着メカニズム ―新しい展開―

*Vibrio alginolyticus* は海洋で暮らす細菌である。ややゆがんだ細胞の端に立派な鞭毛を一本持っている。外部のナトリウムイオンが細胞内に流れ込んでくるときのエネルギーを利用して，この鞭毛が回転する。従って，ナトリウムイオンの濃度が高いほど，鞭毛の回転速度が大きくなり細胞の遊泳速度も増す。ガラスをこの菌の懸濁液につけておき，一定時間後のガラスへの付着菌数を数えると，その数は細胞の遊泳速度（外部のナトリウムイオン濃度に応じて変化する）に比例することが明らかにされている（Kogure et al., 1998）。ところが，筆者が計算したところ，鞭毛による細胞の運動エネルギーは，細胞とガラス表面間に横たわるエネルギー障壁より桁違いに小さい。これでは，鞭毛による遊泳速度に応じて付着菌数が変化する事実を説明できない。

溶液中の帯電したコロイド粒子を静電場中におくと電気泳動する。この時，溶液のイオン強度を大きくしてゆくと，コロイド粒子表面の電気二重層が圧縮され，やがて電場がかかっているにも拘らず，コロイド粒子は電気泳動しなくなる（コロイド粒子表面の荷電が溶液中の対イオンの増加により完全に遮蔽されてしまうためと捉えることも出来る）。ところが，近年，細菌細胞はじめ生物細胞では，高イオン強度下でも電気泳動移動度がゼロにならないことが解ってきた。大島はこの現象が細胞表面に小さな荷電セグメントをもつポリマーの層が存在するためであると想定し（ポ

148 Ⅵ 微生物の付着とバイオフィルム形成

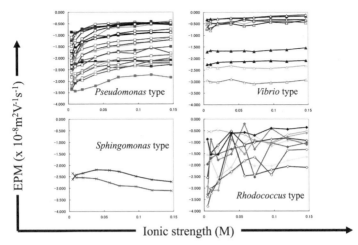

図Ⅵ-1 様々な細菌細胞の電気泳動移動度のイオン強度依存性。横軸のイオン強度の増加とともに縦軸の電気泳動移動度（EPM；Electrophoretic mobility）が変化するパターンから4つのグループに分けたが，いずれのグループでも高イオン強度で電気泳動移動度がゼロになっていない。

リマー上の小さな荷電箇所（セグメント）を遮蔽するにはさらに多くの対イオンが必要になるためと捉えることも出来る），このようなポリマー層を持つコロイド粒子を取り扱う「柔らかいコロイド粒子の理論」を発展させた（Ohshima 1995, 大島 1996）。筆者の研究室で今まで調べてきた全ての細菌の細胞は，その電気泳動移動度がイオン強度を大きくしてもゼロにならず，ある一定の値に漸近していくパターンを示した（図Ⅵ-1）。細菌の細胞はその表面に帯電したポリマー層を持つ「柔らかいコロイド粒子」と，みなすことが出来る。

*Vibrio alginolyticus* 細胞に柔らかいコロイド粒子の理論を適用

すると,細胞表面電位が非常に小さくなる。この表面電位を用いて細胞とガラス表面間の相互作用エネルギーを計算すると,あるイオン強度以上ではエネルギー障壁は細胞の熱運動エネルギーより小さくなる,即ち,エネルギー障壁が消滅する。エネルギー障壁がなければ,鞭毛による遊泳速度が速いほど,一定時間内にガラス表面に衝突する菌体数は増加し,遊泳速度に比例して付着菌数が増えることになる (Morisaki et al., 1999)。これで Kogure ら (1998) の実験結果を説明することが可能となった。

上述したように,従来の考え方による非常に高いエネルギー障壁は柔らかいコロイド粒子である微生物細胞には,イオン強度が十分大きければ,存在しないと言える。しかし,イオン強度が低い場合あるいは細胞表面のポリマー層が発達していない場合は,微生物細胞と付着基質の間にある程度の高さのエネルギー障壁が残る。この時,エネルギー障壁を越えることのできる細胞数がボルツマン分布則に従うと仮定して,エネルギー障壁の高さに関わらず一般的に微生物付着を論じることのできる考え方が提唱されている (Morisaki and Tabuchi 2009)。

## 3. 微生物の細胞表面特性と付着の強さとの関連

### 3-1 コロニー形成時間と増殖速度との関連

通常の土壌 1g 中には 1 億を超える数の細菌が棲息している。これら細菌を分離するためには,土壌サンプルを段階希釈し,寒天培地に混釈し,コロニーを形成させる必要がある。この時,コロニーが形成される過程では次のようなことが起こっている。即ち,細菌の細胞は小さすぎて肉眼では直接見えないが,培地上で

細菌が増殖し数が増えてゆくと,やがてその細胞集団(コロニー)が目で見える大きさに達する。細菌の増殖速度が大きければ,より早くコロニーが目で見える大きさに達すると考えられる。実際に,寒天平板培地上である菌株のコロニーが認識された時間(ある菌株の細胞集団がコロニーと認識される大きさに達するのに要した時間;コロニー出現時間)を横軸にとり,一方,その菌株の細胞数が倍になるのに要した時間(倍加時間)を別実験(液体培養)で求め,その値を縦軸にとったところ,コロニー出現時間と倍加時間との間に,草地から分離した細菌では比例関係があると報告されている(Kasahara and Hattori 1991)。このようにして眼で認識できるコロニーを早く形成する菌株は増殖速度が大きく,逆に遅くコロニーを形成する菌株は増殖速度が小さいことが見いだされたのである。

### 3-2 細菌の増殖速度と細胞表面特性

培養日数とともに平板培地上でコロニー数がどの様に増加するか,琵琶湖底泥中の細菌の例を図Ⅵ-2に示した。先ず,自然環境中の細菌によく見られるように,濃度の薄い培地でより多くのコロニーが形成されることが解る。また,コロニー数が培養時間とともに階段状に増加しているという特徴が見られる。これは,増殖速度が多数の菌株間でまとまり無く分散しているのではなく,ある程度離れた増殖速度ごとに幾つかのグループにまとまるように分布していることを意味している。

以上述べた,1)栄養物濃度の低い培地,2)コロニー出現時期の違い,を利用すれば,環境中の多数の細菌を,増殖速度の違いを軸にグループ分けすることが可能になる。

3. 微生物の細胞表面特性と付着の強さとの関連　151

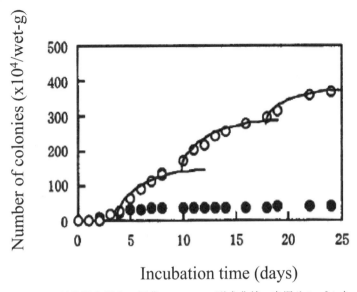

図VI-2　琵琶湖底泥中の細菌のコロニー形成曲線。底泥サンプルを琵琶湖南湖の西岸より採取し，段階的に希釈し，NB（●）あるいはこれを100倍希釈したDNB（○）寒天培地と混釈し，20℃で培養した。横軸に培養時間，縦軸に眼で見えるコロニー数をプロットしてコロニー形成曲線を得た。

　細菌細胞はその表面におけるアミノ基，カルボキシル基，リン酸基等の解離により表面荷電を持つ。通常の条件（pH中性領域）では細菌の細胞表面はマイナスに荷電しているが，菌縣濁液を酸性にしていくにつれ，マイナスの荷電は小さくなる。環境から分離した細菌の細胞表面の負荷電はpH4近傍を境に急に小さくなる傾向が見出されている（Morisaki *et al.*, 1993, Shingaki *et al.*, 1994）。これは，細胞表面に存在するカルボキシル基の解離が，その *pKa* 近傍で抑制されるためと考えられる（図VI-3）。

152  VI 微生物の付着とバイオフィルム形成

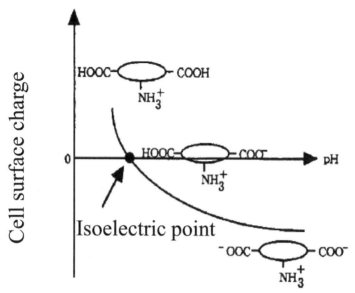

図VI-3　細菌細胞の表面荷電のpH依存性。酸性領域では細胞表面上のカルボキシル基の解離が抑えられ，細胞の負荷電が減少すると考えられる。

　草地，水田から分離した細菌群はpH7においてマイナスの細胞表面荷電を示すが，その絶対値は増殖速度の速い菌株ほど大きい（Morisaki *et al.*, 1993, Shingaki *et al.*, 1994）。従って，増殖速度の大きい細菌の細胞表面には，増殖速度の小さい細菌に比べて，多くのカルボキシル基が存在すると考えられる。さらに，pH依存性を調べたところ，草地，水田土壌からの分離菌株では，増殖の速い菌株ほどpH変化に伴う細胞表面荷電の変化が大きかった（図VI-4a））。増殖速度が異なる菌株間で，種々の解離基が，数は違うが同じ比率で細胞表面に存在していれば，pH変化による

3. 微生物の細胞表面特性と付着の強さとの関連 153

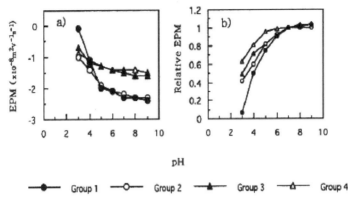

図Ⅵ-4 草地土壌より分離した細菌の電気泳動移動度（EPM；Electrophoretic mobility）。a)増殖速度の異なる4つのグループ（各グループは20～30菌株からなる）のEPMのpH依存性；グループ1（●），2（○），3（▲），4（△）の順に増殖速度は小さくなっている。b) 4つのグループの相対的EPM値のpH依存性。

相対的な表面荷電の変化は同一になるはずである。しかし，多数の菌株から得られたデータはこれを否定している（図Ⅵ-4b))。細胞表面における種々の解離基の存在比率，即ち化学組成が違うか，あるいは，増殖の遅い菌株の細胞表面には荷電をシールドする何らかの構造体が存在する可能性が考えられる。いずれにしても，増殖速度の異なるグループに属する菌株間では細胞表面が質的に異なっているということができる。

荷電状態だけでなく，親水性あるいは疎水性も微生物の細胞表面の性質を反映する重要な因子である。Kasaharaら（1993）は，Busscherら（1984）の方法で，草地から分離した多数のコロニー形成時期の違う細菌菌株の細胞表面の親水・疎水性を調べた。そ

の結果，α-ブロモナフタレン（疎水性液体）の接触角は菌株間で大きな違いが認められないが（30°〜50°付近に分布），水の接触角は菌の増殖速度が小さくなるにつれ大きくなる，即ち細胞表面が疎水的になる傾向を見出している。

### 3-3 細胞表面特性と付着の強さ

増殖速度が小さいと細胞表面の負荷電が小さく，かつ疎水的になることは，細菌にとってどのような意味をもつのであろうか？川砂から付着力別に細菌を脱離させたところ，容易に脱離される細菌は細胞表面の負荷電が大きく，親水性的であるのに対し，付着力が強くなかなか脱離されない菌株の細胞表面は負荷電が小さく，疎水的であることが見いだされている（Morisaki and Toda 1998）。さらに，これら疎水的な細胞表面を持つ菌体はガラスのような親水性表面に比べ，プラスチックのような疎水性表面により付着し易いことが指摘されている（Morisaki and Toda 1998）。付着の強弱と細菌の細胞表面特性や増殖活性との間，あるいは親水性／疎水性といった付着基質の性質とその基質表面に付着しやすい細菌の細胞表面特性との間には，一連の傾向があるのかも知れない。

## 4. 付着後のバイオフィルム形成とバイオフィルムの特性

### 4-1 バイオフィルムとは

我々の身の周りには様々な物があり，それらには必ず表面がある。これら表面が自然環境中の水と接している場合を想定しよう。水中の固体表面は水に浸す前に比べ大きく変化している。なぜなら，ある固体を水の中に入れると，その表面にすぐにイオンや有

機分子が吸着してくるからである。次に，この表面に細菌細胞が付着し，増殖する。これら細菌が細胞外に多糖類を生産すると付着がより強固になる。やがて多糖類を生産できない細菌，微生物も含め多種多様な微生物が生息するようになり，細胞外多糖類だけでなくタンパク質，核酸，脂質等も含めた細胞外高分子物質（Extracellular polymeric substances）によって支えられる複雑な構造が発達し（Flemming and Wingender 2010），バイオフィルムの成熟が進んで行く。

このように一般的に，水と接している固体表面には，多数の多種多様な微生物が付着している。表面に付着したこれら微生物は単独で存在しているのではなく，特徴ある構造の中で他の微生物と様々な相互作用をし，共同体を形成している。これら微生物共同体がバイオフィルムと呼ばれるものである。

バイオフィルムは水と接する様々な固体表面に形成される。例えば，川の中の石表面はぬるりとしている。あの「ぬめり」もバイオフィルムである。花瓶に花を生け，しばらくすると花瓶内部にバイオフィルムが見られるようになる。また，種々のパイプの内面，船底，岸壁，あるいは体内に埋め込まれた医療器具の表面等様々な人工物表面にもバイオフィルムを認めることが出来る。さらに，歯や歯茎の表面，植物の根表面等，生物の表面にもバイオフィルムが見られる。

バイオフィルムは水と接するあらゆる表面に形成されると言っても過言ではない。その普遍性故に，金属腐食，食品汚損等を引き起こしたり，あるいは水質浄化，物質循環に役立ったり，人間社会，自然環境に及ぼす影響も非常に大きく，世界的に重要な研

究課題となっている。

　バイオフィルムはその平均的厚みが通常1mmにも達しない薄いものであるが，微生物から見ればバイオフィルムは細胞（μmオーダー）の数十から数百倍の大きさを持つ巨大な構造物と言える。その内部の環境は微生物にとって自らの生存環境そのものであり，この環境の理解なくしては，バイオフィルム内の微生物を正しく理解できない。しかし，このような視点からの研究は未だ歴史が浅く，バイオフィルムは微生物学にとっても新たなフロンティアとなっている。

　成熟したバイオフィルムは三つの主要な成分から成っている。即ち，1）微生物細胞，2）細胞外高分子物質，および3）これら高分子が形成する網目状構造内に含まれる間隙水である。これらバイオフィルムの構成成分に関し，筆者の研究室で得られた知見を中心に，次に概観して行く。

### 4-2　バイオフィルム中の微生物

　後述するようにバイオフィルム内では栄養塩濃度が高い。そのためと思われるが，細菌も湖水中よりはるかに高密度で存在する。琵琶湖に群生するヨシの水中に浸かった茎部分に形成されるバイオフィルムを調べたところ，バイオフィルム中の全菌数（DAPI染色により計数）は$10^9$ cells/wet-g，またDNB培地（NB培地を100倍に薄めたもの）でのコロニー形成数は$10^7$ cells/wet-gのオーダーに達し，それぞれ湖水中の数百倍以上の値を示した（Yamamoto et al., 2005）。さらに，形成初期のヨシバイオフィルム中の細菌のコロニー形成率（コロニー形成数を全菌数で除し，100倍した率）は10％にもなり，土壌細菌等と比べて非常に高い

比率を示した（Hiraki *et al.*, 2009）。同様に Romaní ら（2008）も形成初期のバイオフィルムマトリックス中の酵素活性が後期に比べ高いことを報告している。従来，バイオフィルム中の微生物は活性が低いと言われて来たが（Marshall 2004），一概にそうとは言い切れないと考えられる。

　ヨシの水中茎表面に形成されるバイオフィルム内部に棲息する細菌の群集構造を PCR-DGGE 法により調べたところ，周囲湖水のそれと大きく異なっていた。周囲湖水に比べ栄養塩濃度が高いバイオフィルム内部の微視的環境に適した細菌が増殖あるいは生残し，結果的にバイオフィルム内に独特の細菌群集構造が形成されたのかも知れない。

　数年にわたる調査の結果，細菌群集構造は，湖水中では年が異なっても同じ季節では似ていたのに対し，バイオフィルム内部では同じ季節でも年によって異なっていることが解った（Tsuchiya *et al.*, 2011）。湖水中では，環境因子（水温や溶存酸素濃度等）や栄養塩濃度の季節変動に対応して群集構造が変動するが，バイオフィルム内では，初夏にヨシが生え替わる際，年によって異なる群集構造のバイオフィルムがヨシの新芽表面に形成され，それが以後の群集構造の変遷を支配していると推測される。但し，バイオフィルム内からは，季節や年に関わらず *Bacillus* 属，*Paenibacillus* 属に類似する細菌が検出され，これらの細菌がバイオフィルムの形成，あるいは機能に重要な役割を果たしていると考えられた。このような細菌の存在は Brümmer ら（2000）も指摘している。

### 4-3　細胞外高分子物質

　琵琶湖水中の石，ヨシの水中茎部分に形成されるバイオフィルムに関する我々の研究によって，バイオフィルム間隙水中の栄養塩濃度は，バイオフィルム形成のごく初期（1週間程度）から湖水に比べ数百倍以上高いことが解った（Hiraki *et al.*, 2009）。バイオフィルム形成のごく初期には棲息する微生物数もまだ少なく，高い栄養塩濃度がバイオフィルム中の微生物の生産によるものとは考えにくい。何らかの機構で外部（湖水中）の栄養塩がバイオフィルム内に濃縮されたと推測される。

　では，なぜ栄養塩がバイオフィルム内に濃縮されるのであろうか。バイオフィルムを懸濁し，酸あるいは塩基溶液で滴定したところ，pH4近傍およびpH10～11にかけて，pH変化が小さかった。これはカルボキシル基（*pKa*～4）やアミノ基（*pKa*～10）といった官能基がバイオフィルムポリマー中に存在し，滴下した$H^+$や$OH^-$に対し，緩衝作用を示すためと考えられる。これらの官能基はpH7近傍では各々負荷電（$-COO^-$），正荷電（$-NH_3^+$）を有しており，これら荷電のためバイオフィルムポリマーはイオン交換樹脂のような働きを持ち（Costerton *et al.*, 1978, Costerton and Geesey 1979），荷電を持つ種々の物質，イオンなどを周囲湖水からバイオフィルム内に濃縮できると推測される。バイオフィルムポリマーの荷電状態（電気泳動移動度）を様々なpHで測定した結果も負に帯電したカルボキシル基と正に帯電したアミノ基がポリマー中に存在することを示している（Hiraki *et al.*, 2009）。

　以前はバイオフィルム構造を支える高分子物質は主に多糖類からなると考えられていたが，現在では多糖類に加え，タンパク質，

核酸,脂質などの高分子物質もバイオフィルム形成に重要な役割を果たすことが解って来ており (Flemming and Wingender 2010),これらも含めて細胞外高分子物質 (Extracellular polymeric substances) と呼ぶようになって来ている。筆者の研究室では,自然環境中の様々なバイオフィルムの荷電特性を調べて来たが,そのいずれも pH7 の中性付近では負の荷電を持ち,その負荷電は pH4 近傍で小さくなる特徴を示した。様々なバイオフィルムのポリマーがウロン酸や N-アセチルグルコサミンを含み,高分子電解質としての性質を持つことが示されており (Flemming and Wingender 2010),琵琶湖環境で形成されたバイオフィルムが示した荷電特性は特殊なものではなく,普遍的性質を反映していると考えられる。

## 4-4 バイオフィルム間隙水

バイオフィルム内に棲息する微生物が接する水は間隙水であり,バイオフィルムの外側の水ではない。また,細胞外高分子物質は単にバイオフィルムの構造を物理的に支えるだけでなく,その化学的性質によりバイオフィルム内に独特の微視的環境を形作っている。この微視的環境こそがバイオフィルム中の微生物が生きている環境と言える。従って,バイオフィルムの正しい理解には内部の微視的環境の理解が非常に重要となる。ところが,バイオフィルム内部の微視的環境を系統的に調べた研究はきわめて限られている。ここでは,その限られた中の一例を紹介する。

筆者らは自然環境中のバイオフィルム(琵琶湖に群生するヨシの水中部分の茎表面上のバイオフィルムおよび湖水中の石表面のバイオフィルム)に着目し,これらバイオフィルムの間隙水中の

160　Ⅵ　微生物の付着とバイオフィルム形成

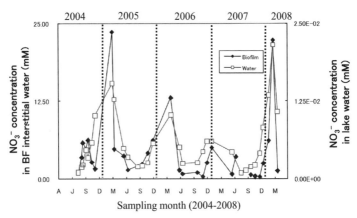

図Ⅵ-5　石表面に形成されたバイオフィルム中および周辺湖水中の硝酸イオン濃度の季節変動（サンプル採取場所は琵琶湖北湖の針江浜；Tsuchiya et al., 2009, Fig. 4 を改変）。左縦軸はバイオフィルム（BF）中，右縦軸は湖水中の硝酸イオン濃度を示す（フルスケールが千倍違うことに注意）。横軸のアルファベットは月に対応する；M（March），J（June），S（September），D（December）。

栄養塩濃度を調べて来た。

　琵琶湖湖水（バイオフィルム外部の水）中の栄養塩濃度は北湖，南湖の湖水とも，毎年同じパターン（春先に高く，夏に低い）で季節変動していた（特に，硝酸イオンで顕著）。これは，光が十分にある夏場にプランクトン等の活性が高まり栄養塩を取り込むためと考えられる。図Ⅵ-5に示すように，バイオフィルム間隙水中の栄養塩濃度も湖水と同じパターンで季節変動していたが，湖水（数十 μM オーダー）に比べ，数百倍以上大きな値（数十 mM オーダー）を示した（Tsuchiya et al., 2009）。

　栄養塩がこのような高濃度で存在すれば，バイオフィルム内部

の微生物がそれを消費するであろうし，また濃度の低いバイオフィルム外部へイオンの拡散が起こるであろう。それにも関わらずバイオフィルム内部に高い栄養塩濃度が維持されているのは，栄養塩の濃縮，生産，消費，拡散等の各過程の間に動的平衡が成り立っているためと思われる。

筆者の研究室では現在これら各過程に関する研究を進めている。ここでは，バイオフィルムのイオン濃縮能，保持能に関する研究を紹介する。

### 4-5 バイオフィルムによるイオンの取り込み

イオン交換樹脂を比較対象として，バイオフィルムによるイオンの取り込みを精査した（Kurniawan *et al.*, 2012）。ある一定量のイオンを添加すると，低温（0℃）にも関わらず，バイオフィルムでもイオン交換樹脂でも非常に速いイオンの取り込みが認められた（反応が1分以内に終了した）。物理化学的な過程でイオンの取り込みが進行したと思われる。

このとき，イオン交換樹脂では，取り込まれたイオンの量，価数と出て来たイオンの量，価数との間には定量的関係が成立していた（当量のイオンが交換していた）。ところが，バイオフィルムでは，取り込まれたイオンと出て来たイオンの間にこのような定量的関係は見られず，取り込まれたイオンの方が多かった。このように，バイオフィルムのイオン取り込みメカニズムにはイオン交換樹脂と相違点が見られる。

さらに，各種イオンの吸着等温線を調べたところ，バイオフィルムとイオン交換樹脂の間に明確な違いが認められた。表Ⅵ-1に示すように，イオン交換樹脂ではあるイオンの価数が大きけれ

表Ⅵ-1 バイオフィルムおよびイオン交換樹脂による各種イオンの最大取り込み量（Kurniawan *et al.*, 2012, Table 2 を改変）

| 吸着剤 | 吸着イオン | 最大吸着量（mmol/dry·g）* |
|---|---|---|
| バイオフィルム | $NH_4^+$ | 1.1±0.2 |
| | $Mg^{2+}$ | 1.3±0.1 |
| | $NO_3^-$ | 0.57 |
| | $PO_4^{3-}$ | 0.28 |
| 強酸性イオン交換樹脂 | $NH_4^+$ | 0.98±0.17 |
| | $Mg^{2+}$ | 0.48±0.02 |
| 弱酸性イオン交換樹脂 | $NH_4^+$ | 0.75±0.05 |
| | $Mg^{2+}$ | 0.30±0.02 |
| 強塩基性イオン交換樹脂 | $NO_3^-$ | 1.7±0.01 |
| | $PO_4^{3-}$ | 0.50±0.02 |
| 弱塩基性イオン交換樹脂 | $NO_3^-$ | 0.63±0.01 |
| | $PO_4^{3-}$ | 0.20±0.01 |

\* 2～3回の測定の平均値と標準誤差を示してある。但し、サンプル量が少なく1回しか測定していない場合は標準誤差を示していない。

ば、その最大吸着量は価数に見合う分だけ小さくなっている。例えば、1価のアンモニウムイオンの最大吸着量に比べ、2価のマグネシウムイオンの最大吸着量はほぼ1/2となっている。同様に、1価の硝酸イオンの最大吸着量に比べ、3価のリン酸イオンの最大吸着量はほぼ1/3となっている。イオン交換に必要な樹脂表面の荷電数が2価、3価のイオンでは1価のイオンの2倍、3倍になるためと考えられる。

一方、バイオフィルムでは価数と最大吸着量との間のこのような定量的関係は見られない。アンモニウムイオンに比べマグネシウムイオンの最大吸着量は少し大きく、またリン酸イオンの最大吸着量は硝酸イオンの1/2程度と価数から見込まれる1/3程度か

ら大きくずれている（表Ⅵ-1参照）。

このようにバイオフィルムとイオン交換樹脂のイオン取り込み挙動は異なっている。バイオフィルムではポリマー上の荷電箇所がイオン交換の場になっているばかりでなく，ポリマー間の空間（実際には間隙水で満たされているが）に様々なイオンを保持する能力があると推測される。現在，この点をさらに明確にする研究を展開しているところである。

## 5．おわりに

バイオフィルムは水と固体表面が接するところ人工，自然環境を問わずいたる所に見られる。このことはバイオフィルム形成のメカニズムが，個々の条件で全く異なるものではなく，ある程度の普遍性を持っていることをうかがわせる。土壌粒子の表面，そこに栽培されている植物の表面にもバイオフィルムは形成される（Fujishige *et al.*, 2006, Ramey *et al.*, 2004）。土壌粒子の荷電特性，粒子間の間隙水の性質，土壌表面あるいは植物表面に形成されたバイオフィルムの諸性質を明らかにし，他のバイオフィルムとの相違点，類似点を明らかにして行けば，自然環境中での微生物の動態，我々人間に及ぼす微生物活動の影響に関し，これまでにない新たな展望が拓けるものと期待される。

## 文　献

Busscher, H. Weerkamp, A. H. Van der Mei, H. C. Van Pelt, A. W. J. De Jong, H. P. and Arends, J. 1984. Measurement of the surface free energy of bacterial cell surfaces and its relevance for adhesion. *Appl. Environ. Microbiol.*, **48**, 980-983.

Brümmer, I. H. M. Fehr, W. and Wagner-Döbler, I. 2000. Biofilm community structure in polluted rivers : Abundance of dominant phylogenetic groups over a complete annual cycle. *Appl. Environ. Microbiol.*, **66**, 3078-3082.

Costerton, J. W. Geesey, G. G. and Cheng, K. J. 1978. How bacteria stick. *Sci Am*, **238**, 86-95.

Costerton, J. W. and Geesey, G. G. 1979. Microbial contamination of surfaces. *In* K. L. Mittal (ed.) *Surface Contamination*, Vol 1, p211-221, New York, Plenum Press.

Flemming, H. C. and Wingender, J. 2010. The biofilm matrix. *Nat. Rev. Microbiol.*, 8, 623-633.

Fujishige, N. A. Kapadial, N. N. De Hoff, P. L. and Hirsch, A. M. 2006. Investigations of *Rhizobium* biofilm formation. *FEMS Microbiol. Ecol.*, **56**, 195-206.

Hiraki, A. Tsuchiya, Y. Fukuda, Y. Yamamoto, T. Kurniawan, A. and Morisaki, H. 2009. Analysis of how a biofilm forms on the surface of the aquatic macrophyte *Phragmites australis*. *Microbes Environ.*, **24**, 265-272.

Kasahara, Y. and Hattori, T. 1991. Analysis of bacterial population in a grassland soil according to rates of development on solid media. *FEMS Microbiol. Letters*, **86**, 95-102.

Kasahara, Y. Morisaki, H. and Hattori, T. 1993. Hydrophobicity of the cells of fast- and slow-growing bacteria isolated from a grassland soil. *J. Gen. Appl. Microbiol.*, **39**, 381-388.

Kogure, K. Ikemoto, E. and Morisaki, H. 1998. Attachment of *Vibrio alginolyticus* to glass surfaces is dependent on swimming speed. *J. Bacteriol.* **180**, 932-937.

Kurniawan, A. Yamamoto, T. Tsuchiya, Y. and Morisaki, H. 2012. Analysis of the ion adsorption-desorption characteristics of biofilm matrices. *Microbes Environ.*, **27**, 399-406

Marshall, K. C. 1976. Interfaces in microbial ecology, P27-52, Harvard

University Press (Cambridge, Massachusetts, London).

Marshall, K. C. 2004. バイオフィルム中の飢えた微生物と培養できない微生物. 遠藤圭子訳・清水潮監訳 培養できない微生物たち, p109-125, 学会出版センター, 東京. (In R. R. Colwell and D. J. Grimes (ed) Nonculturable Microorganisms in the Environments. ASM Press, Washington, DC)

Morisaki, H. Kasahara, Y. and Hattori, T. 1993. The cell surface charge of fast- and slow-growing bacteria isolated from grassland soil. *J. Gen. Appl. Microbiol.*, **39**, 65-74.

Morisaki, H. and Toda, H. 1998. Surface Characteristics of Bacterial Cells Isolated from River Sand Grains and Their Relevance to Attachment. *Microbes Environ.*, **13**, 9-16.

Morisaki, H. Nagai, S. Ohshima, H. Ikemoto, E. and Kogure, K. 1999. The effect of motility and cell-surface polymers on bacterial attachment. *Microbiology*, **145**, 2797-2802.

Morisaki, H. and Tabuchi, H. 2009. Bacterial attachment over a wide range of ionic strengths. *Colloids and Surfaces B : Biointerfaces*, **74**, 51-55.

Ohshima, H. 1995. Electrophoresis of soft particles. *Adv. Colloid Interface Sci.*, **62**, 189-235.

大島広行 1996. 細胞等コロイド粒子の電気泳動の解析. 生物物理, **36**, 295-296.

Ramey, B. E. Koutsoudis, M. B von Bodman, S. and Fuqua, C. 2004. Biofilm formation in plant-microbe associations. *Current Opinion in Microbiology*, **7**, 602-609

Romaní, A. M. Fund, K. Artigas, J. Schwartz, T. Sabater, S. and Obst, U. 2008. Relevance of polymeric matrix enzymes during biofilm formation. *Microb. Ecol.*, **56**, 427-436.

Shingaki, R. Gorlach, K. Hattori, T. Samukawa, K. and Morisaki, H. 1994. The cell surface charge of fast- and slow-growing bacteria isolated from a paddy soil. *J. Gen. Appl. Microbiol.*, **40**, 469-475.

Tsuchiya, Y. Ikenaga, M. Kurniawan, A. Hiraki, A. Arakawa, T. Kusakabe, R. and Morisaki, H. 2009. Nutrient-rich microhabitats within biofilms are synchronized with the external environment. *Microbes Environ.*, **24**, 43-51.

Tsuchiya, Y. Hiraki, A. Kiriyama, C. Arakawa, T. Kusakabe, R. and Morisaki H. 2011. Seasonal change of bacterial community structure in a biofilm formed on the surface of the aquatic macrophyte *Phragmites australis*. *Microbes Environ.*, **26**, 113-119.

Yamamoto, M. Murai, H. Takeda, A. Okunishi, S. and Morisaki, H. 2005. Bacterial flora of the biofilm formed on the submerged surface of the reed *Phragmites australis*. *Microbes Environ.*, **20**, 14-24.

# Ⅶ エレクトロカイネティック法を用いた汚染土壌修復技術

田中　俊逸・明本　靖広

1. はじめに
2. EK 法の原理
3. EK 法の応用例
4. 放射性核種を除去対象とした EK 法の応用
5. セシウム汚染土壌の修復の可能性
6. 環境影響
7. コスト
8. おわりに

---

Remediation Technology of Contaminated Soils Using Electrokinetic Process

Shunitz TANAKA and Yasuhiro AKEMOTO

## 1. はじめに

2011年3月に起きた福島第一原子力発電所の事故に伴い、放射性物質が環境中へ放出され、河川や森林、農用地などが汚染された。放出された放射性核種は $^{131}I$, $^{137}Cs$, $^{90}Sr$ などであり（佐藤, 2011）、特に $^{137}Cs$ は他の核種と比較して半減期が約30年と長く、放射壊変による放射線量の低下には長い時間がかかる。また、Csは土壌に含まれる一部の粘土鉱物がもつ Frayed-edge site（FES）と呼ばれる箇所に強く吸着・固定化されることが報告されている（Cremers *et al.*, 1988 ; Nakao *et al.*, 2008）。放射性Csで汚染した土壌から逐次抽出法によって存在形態ごとに抽出したCsを分類すると、イオン交換態および有機物結合態として分画されるCsはそれぞれ10％、20％程度であり、70％のCsは最も抽出し難い残渣として分画されている（Tsukada *et al.*, 2008）。この放射性Csの粘土鉱物への固定化は、降雨などによって放射性Csが土壌中から溶出し、汚染が拡大する可能性を低くする一方で、土壌中から放射性Csを除去する際の大きな障害となっている。大気から降下してきたCsは粘土鉱物などによって吸着・固定化され、大部分が表層に留まっていると考えられ（Ishii *et al.*, 2014）、土壌の除染方法として表面土壌の掘削が行われている。しかし、放射性物質によって汚染された土地は広大であり、表層数cmのみの掘削であっても、仮置き場および中間貯蔵施設には大量の放射能汚染土壌が集積することとなる。平成25年12月に復興庁によって公開された資料では、福島県内において予想される汚染土壌は1500〜2000万 $m^3$ と推定されており（復興庁, 2013）、福島県外に

おける汚染土壌量も含めるとさらに土壌量が増加する。従って，これらの放射能汚染土壌の減容化技術が必要とされている。

エレクトロカイネティック法（以下 EK 法）とは界面動電現象を用いた土壌修復技術の一つであり，透水性の低い粘土質の土壌に適応できる手法である。この手法は重金属や有害有機物の土壌中からの除去方法として多くの研究報告があるが，$^{137}Cs$ などの放射性物質を対象とした例は極めて少ない。よって，本章ではEK 法の原理，重金属イオンや有害有機物の除去などのいくつかの応用例を示すと共に，土壌中からの $Cs^+$ 除去への応用の可能性について言及する。また，EK 法が環境に与える影響およびコストについても考察する。

## 2．EK 法の原理

EK 法は，直流電圧を土壌中に印加することで発生する電気泳動現象（Electromigration）と電気浸透流現象（Electroosmotic flow：EOF）を用いて土壌中から汚染物質を分離する技術である（Acar and Alshawabkeh, 1993；Probstein and Hicks, 1993）。オランダの Geokinetics 社や Hak Milieutechniek（HMT）社などによって実際の汚染区域に適応する研究が行われ（Lageman *et al.*, 2005），フィールドスケールでの鉛やカドミウム，亜鉛などの重金属を土壌から取り除く手法として応用されている。EK 法の概念図を図Ⅶ-1 に示す。

電気泳動とは電場のある媒体中で，イオンがその電荷とは反対の極性の電極方向に泳動する現象である。この現象は土壌においても水系における挙動と同様の挙動を示すと考えられる。水溶液

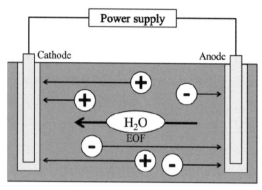

図Ⅶ-1 EK法の概念図

中のイオン成分$i$の電気泳動による流束($J_{em}$)はNernst-Planck式によって,

$$J_{em} = -v_i z_i F C_i \nabla E \tag{1}$$

と示される。$J_{em}$は電気泳動による流束 ($mol\,m^{-2}s^{-1}$), $v_i$は電気泳動移動度, $z_i$は価数, $F$はファラデー定数, $C_i$は濃度, $\nabla E$は電位勾配を示している。電気泳動移動度 ($v_i$) はNernst-Einstein式より,

$$v_i = \frac{D_i}{RT} \tag{2}$$

と示される。$D_i$は拡散係数, $R$は気体定数, $T$は絶対温度を示している。土壌中における流束は(1)式に土壌屈曲度 ($\tau$) を加えて,

$$J_{em(soil)} = \frac{1}{\tau^2}(-v_i z_i F C_i)\nabla E \tag{3}$$

と示される。

一方, 電気浸透流現象は, キャピラリーや細孔内の荷電壁に接

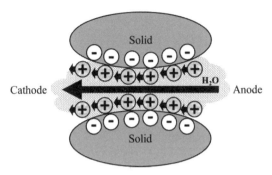

図Ⅶ-2　EOFの概念図

する電気的中性の媒体が電場によって移動する現象である。粘土鉱物は一般に負に帯電しており，周囲に陽イオンが引き寄せられ図Ⅶ-2のように電気二重層が形成されることで，ゼータ電位（ζ）が生じる。この状態で外部から電位が印加されると，粘土鉱物の負電荷に配向した陽イオンが陰極方向へ動き，水和水や水の粘性により周囲の水も動くことによって，土壌細孔内の水の陰極方向への流れが生じる。電気浸透流現象による水の流速（$u_{eo}$）はHelmholtz-Smoluchowski式によって近似され，

$$u_{eo} = \frac{\varepsilon \zeta}{\eta} \nabla E \tag{4}$$

と示される。$\varepsilon$は水の誘電率，$\zeta$はゼータ電位，$\eta$は間隙水の粘性係数を示している。20℃で電位勾配が$1\,\mathrm{V\,cm^{-1}}$の条件における水の移動速度を算出すると，水の粘性係数（$\eta$）は$1.0 \times 10^{-3}\,\mathrm{Pa \cdot s}$（20℃），一般的な水飽和土壌のゼータ電位（$\zeta$）は$10\,\mathrm{mV}$程度（絶対値）であり，水の比誘電率が約80であることから，$\varepsilon$は$0.71 \times 10^{-9}\,\mathrm{C\,V^{-1}\,m^{-1}}$となる。これらを式(4)に代入すると，

$7.1 \times 10^{-7} \mathrm{m\,s^{-1}}$ となり,一日あたり約 10 cm の移動となると推定される (Shapiro and Probstein, 1993)。

電気浸透流による流束 ($J_{eo(soil)}$) は,

$$J_{eo(soil)} = \left(\frac{1}{\tau^2}\right)\left(\frac{\varepsilon\zeta}{\eta}\right)C_i \nabla E \tag{5}$$

と示される。EK 法における物質の移動は電気泳動現象と電気浸透流現象の両方が関与するため,流束 ($J_{i(soil)}$) は式(6)によって与えられる。

$$J_{i(soil)} = \left(\frac{1}{\tau^2}\right)\left\{-v_i z_i F C_i \nabla E + \left(\frac{\varepsilon\zeta}{\eta}\right)C_i \nabla E\right\} \tag{6}$$

また,電位の印加に伴って陽極と陰極では水の電気分解により,水素イオンと水酸化物イオンがそれぞれ生成される(式7,8)。

$$2H_2O \Rightarrow O_2\uparrow + 4H^+ + 4e^- \tag{7}$$

$$4H_2O + 4e^- \Rightarrow 2H_2\uparrow + 4OH^- \tag{8}$$

これらのイオンが界面動電現象によって土壌中にも侵入し,土壌 pH が陽極に近いところでは酸性に,陰極に近いところではアルカリ性となる。土壌の酸性化を避けるためには電解液に緩衝溶液を用いることやイオン交換膜を利用すること,陽極および陰極槽の溶液を混合することなどが必要である。一方で,ここで発生する土壌の酸性化を利用して,土壌中の重金属を可溶化させ,除去率の向上に応用されている。

## 3. EK 法の応用例

EK 法においては様々な試薬,反応や他の環境修復技術と組み合わせた研究例が多く報告されている。筆者らも,EK 法を用い

ると土壌の中での物質の移動が可能となることを利用して,溶液中で用いられる化学反応や手法を土壌中に導入することでEK法の適用範囲の拡大を試みてきた。

EK法は,水に可溶な物質は電気泳動か電気浸透流によって除去が可能であるが,難水溶性の物質の除去は難しい。そこで,可溶化剤や錯形成剤などを組み合わせることで除去効率を向上させることができる。筆者らは土壌中の腐植物質の一つであるフミン酸に着目し,フミン酸の界面活性能を用いて水に難溶なオキシン銅を可溶化し除去する方法を検討した。カオリンを用いた模擬土壌に対して,フミン酸を添加した場合のオキシン銅の除去試験の結果は,フミン酸を用いなかった場合より約3倍の除去効率の向上が見られた。フミン酸は土壌中に多く含まれ,天然物であることから環境負荷の低い有効な可溶化剤と成り得ると考えられる(Sawada *et al.*, 2003)。

緩衝溶液を用いないEK法においては水の電気分解によって陽極では水素イオンの生成による酸性化が,また,陰極では水酸化物イオンの生成によるアルカリ化が起こる。水素イオンと水酸化物イオンは土壌中にも泳動し,陽極近傍の土壌は酸性,陰極近傍の土壌はアルカリ性となり,時間の経過とともに酸性領域とアルカリ性領域は広がり,ついには酸とアルカリの領域が交わる境界(pHジャンクション)が生成する。このpHジャンクションに重金属を濃縮する手法がエチレンジアミン四酢酸(EDTA)を用いて開発された。図Ⅶ-3に示す通り,銅イオンを添加した模擬汚染土壌に対して電位を印加すると,正電荷を持つ銅イオンは電気泳動によって陰極方向へと泳動する。pHジャンクションに入

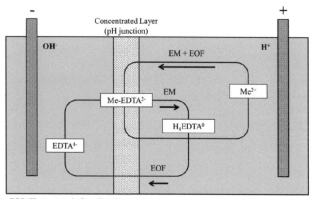

図Ⅶ-3　pHジャンクションへの重金属イオンの濃縮
（Kimura *et al.*, 2007を一部改図）

ると陰極槽から供給されるEDTAと錯形成を行う。EDTAと錯形成することにより電荷は負電荷となり，陽極方向へと泳動方向を変える。しかし，酸性領域において銅-EDTA錯体は解離するため，再び陽イオンとなった銅は陰極方向へと泳動する。この反応が繰り返されることにより，pHジャンクションという極めて限られた範囲への銅イオンの集積が可能となった（Kimura *et al.*, 2007）。

　土壌修復技術の一つとして植物を用いたファイトレメディエーション法（以下PR法）がある。この手法は植物が根から養分を吸収することを利用して植物生体内に汚染物質を濃縮させる方法である。しかし，汚染修復対象範囲が根の周辺に限定されることが欠点として挙げられる。そこで，EK法によって植物の根の周辺に汚染物質を集積させ，PR法を効率よく行うための検討を行

3．EK 法の応用例　175

った。ケンタッキーブルーグラス（*Poa pratensis* L.）を用いた PR 法では土壌中から植物体への鉛の移行率は 0.74 であったのに対して，EK 法を組み合わせた Electro-assisted phytoremediation （EAPR 法）では移行率が 1.07 と改善された。このことから PR 法と EK 法を組み合わせることで，ケンタッキーブルーグラスのような根の短い植物を用いても，根から離れたところにある鉛を効率的に植物体へ移行させることに成功した（Putra *et al.*, 2013）。

実際の汚染土壌に対する EK 法の適用において，電極をどのように配列するかは土壌の酸性化やアルカリ化とも関係する重要なファクターである。新苗らは図Ⅶ-4 に示すような 4 種の異なる電極配列において，並列型の Parallel よりも多角形構造の

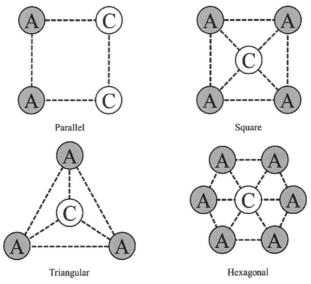

図Ⅶ-4　電極配列（新苗ら，2005；2006 を一部改図）

TriangularやHexagonalの配列の方が陽極内で発生した水素イオンを効率良く土壌中に送り込み，イオン交換によって重金属イオンを除去できると報告している（新苗ら，2005）。

この電極配列をカドミウムおよび六価クロムの除去に応用した結果，1 V cm$^{-1}$ の電位勾配の条件で100日後の土壌中からのカドミウムの除去率は，Parallelの配列においては約80％の除去率にとどまったものの，Squareでは約90％，Triangularでは約95％，Hexagonalでは約98％の除去率となった。また，六価クロムにおいてもカドミウムとほぼ同様の除去率となり，重金属の除去においては多角形構造の電極配列が適していると考えられる（新苗ら，2006）。この電極配列に関しては他にも多くの研究者が検討している（Turer and Genc, 2005 ; Kim *et al.*, 2012a）。

また，過酸化水素水と鉄との反応によってヒドロキシルラジカルを発生させ，有機物を分解するフェントン反応とEK法を組み合わせた方法が報告されている。Yangらは汚染土壌中に鉄粉反応壁を挿入したEK法において，電気分解に伴う陽極近傍の土壌pHの低下を利用して，土壌中でフェントン反応を生じさせ，フェノールの効率の良い除去条件の検討を行った。直径5.5 cm，全長20 cmの円柱状のガラス製セルの中に充填された土壌中に鉄粉1.05 gを含む円形の反応壁を作製した。陽極槽に0.3％過酸化水素水，陰極にイオン交換水を使用し，10日間1 V cm$^{-1}$ の電位勾配の条件で，土壌中のフェノール（200 mg kg$^{-1}$）のうち68.9％がEK法によって陰極槽に運ばれ，30.8％がフェントン反応によって分解され，結果として99.7％のフェノールが土壌中から除去された（Yang and Long, 1999）。

その他にも EK 法では重金属をはじめとして様々な物質が除去対象物質として研究されており,有機物においてもナフタレン (Alshawabkeh and Sarahney, 2005) やフェナントレン (Park *et al.*, 2005),多環芳香族炭化水素(PAH)(Reddy *et al.*, 2006) などを対象とした研究がある。また,揮発性有機化合物(VOC)を微生物の働きによって分解・除去を行うために,微生物の栄養塩をEK 法に伴う EOF を利用し,間接的に汚染箇所へ送り込む研究もなされている(Godschalk and Lageman, 2005)。

フィールドスケールにおける EK 法の応用例としては,1987 年にオランダ北部のフローニンゲンにある鉛および銅によって汚染された塗料工場の跡地において行われた実証試験が最初のものである。この工場跡地は鉛が 300〜5,000 mg kg$^{-1}$,銅が 500〜1,000 mg kg$^{-1}$ の高濃度で存在し,約 1 m の深さまで汚染が生じていた。この汚染区域に 1 日あたり 10 時間の電位の印加の条件で 43 日間の泳動試験が行われた。試験の結果,土壌中からの除去率はそれぞれ鉛で約 70%,銅で約 80% となり,電力消費量は 65 kWh m$^{-3}$ であった(Lageman, 1993)。

アメリカのケンタッキー州パデューカにおいて,1 mg kg$^{-1}$ 以下から 1,500 mg kg$^{-1}$ までの広い濃度範囲でトリクロロエチレン(TCE)によって汚染された土壌に対して EK 法による除去が試みられた。TCE の脱塩素化のためにカオリン鉱物に約 3% の炭素と 26 vol.% の鉄粉を混ぜ合わせたものが電極間に浄化壁として用いられた。TCE は電気浸透流によって陰極方向へと移動し,途中の浄化壁中の鉄粉との反応により,シス-ジクロロエチレン,クロロエチレン,エチレンへと分解される。1 年間にわたり電位

を印加（電位勾配 0.23 V cm$^{-1}$）した結果，95～99％の TCE が分解できたと報告されている（Ho et al., 1999）。

塩害土壌の修復方法としてビニールハウス内で塩類の除去を行った例がある。ビニールハウス内では農薬や連作などの影響で塩類が集積することが知られている。しかし，ビニールハウス内では降雨による自然除塩は期待できず，真水をかけ流すことによる湛水除塩方式や客土の入れ替えなども費用等の問題から難しい。そこで，Choi らはビニールハウス内においてナトリウムや硝酸などの除去方法として EK 法を適応する研究を行った。3 m×2 m の試験区域において約 2 ヶ月間，0.8 V cm$^{-1}$ の電位勾配の条件で，土壌中の 90％のナトリウム，硝酸および塩化物イオンを除去することに成功した（Choi et al., 2012）。

他にもオランダやアメリカを中心としてフィールドスケールの実証実験が行われており，近年では台湾や韓国などでも様々な研究例が報告されている。

## 4. 放射性核種を除去対象とした EK 法の応用

韓国においては EK 法を用いた土壌修復法が盛んに研究され，特に KAERI（Korea Atomic Energy Research Institute）が U や Co, Cs などの放射性物質を対象として研究を行っている（Kim et al., 2011）。

韓国ではパイプの老朽化などにより流出した汚染水が原子力研究所の周辺土壌の汚染を引き起こし，汚染土壌が 15～30 年にわたって保管されている。KAERI の Gye-Nam Kim らのグループはこれらの韓国における原子力関連施設の周囲に存在する放射性

Cs 及び Co で汚染された土壌に対して，EK 法を適用している。また，除去効率向上のために有機酸や無機酸，錯形成剤による洗浄を組み合わせた Electrokinetic-flushing 技術の開発も行なっている (Kim *et al.*, 2008)。この Eletrokinetic-flushing 技術を適用した結果では，汚染土壌（$1.8 Bq g^{-1}$）に対し $20 mA cm^{-2}$ の電流条件で，50 日間電位を印加した結果，99.9％の $^{60}$Co，94.3％の $^{137}$Cs を除去できたことが報告されている (Kim *et al.*, 2009)。非放射性物質である Co（$245 mg kg^{-1}$）及び Cs（$536 mg kg^{-1}$）で人工的に汚染した土壌に対して EK 法を適用した結果，15 日間の泳動試験でそれぞれ 98.4％，94.9％の除去率を得ている。また，約 $2.0 Bq g^{-1}$ の放射能汚染土壌からの Co と Cs の全除去効率は 55 日間，$15 mA cm^{-2}$ の条件で 95.8％となった (Kim *et al.*, 2010)。

韓国の核施設周辺から採取した放射性 Cs 汚染土壌（$40.0 Bq g^{-1}$，$19.4 Bq g^{-1}$，$10.0 Bq g^{-1}$）に対して電位を印加した結果，$0.1 Bq g^{-1}$ 以下にするのに必要な日数はそれぞれ 100 日，80 日，60 日であった。また，5 日後には全ての濃度において $5.0 Bq g^{-1}$ 以下になることから，除去操作後すぐに Cs が土壌中から除去されていることが推測される。この試験に用いられた土壌は汚染が生じてから約 30 年後の土壌であるため，長期間保管された土壌においても EK 法が有効であることが示唆されている (Kim *et al.*, 2012b)。しかし，Kim らが用いたのは砂岩層の土壌であるため，粘土鉱物のような Cs と強く吸着する物質の含有量が少なく，透水性も高いことが推察されることから，比較的泳動が容易であった可能性も考えられる。

Kim らは福島第一原子力発電所の事故に伴い発生した廃棄物

180　Ⅶ　エレクトロカイネティック法を用いた汚染土壌修復技術

写真Ⅶ-1　複合動電浄化装置

のうち，放射能汚染灰を対象とした実験も行っている。ここで用いられた装置は写真Ⅶ-1に示すような200Lの洗浄装置，50Lの動電浄化装置および150Lの沈殿槽などを備えた複合動電浄化装置を用いて行われた。この方法は，硝酸による洗浄後にEK法を行うというものである。この研究で使用された灰は汚染から1年間が経過したものであり，$^{137}Cs$の放射能の量は$19.1 Bq g^{-1}$となっている。除去効率は，泳動期間が3，5，8，10日間で，それぞれ90.1％（$1.89 Bq g^{-1}$），92.5％（$1.43 Bq g^{-1}$），93.6％（$1.22 Bq g^{-1}$），93.9％（$1.17 Bq g^{-1}$）であった。$^{134}Cs$においては，初期放射能が$14.6 Bq g^{-1}$であり，泳動期間が3，5，8，10日間で，それぞれ90.2％（$1.43 Bq g^{-1}$），92.6％（$1.08 Bq g^{-1}$），93.7％（$0.92 Bq g^{-1}$），94.0％（$0.88 Bq g^{-1}$）であった（表Ⅶ-1）。また，初期濃度が$41.8 Bq g^{-1}$（$^{137}Cs$），$1.5 Bq g^{-1}$（$^{134}Cs$）の放射能汚染灰に

表Ⅶ-1　複合動電浄化装置を用いた放射能汚染灰における除染効率 (Kim et al., 2013)

| 放射性核種 | 初期濃度 | 泳動日数 | 除染効率 |
| --- | --- | --- | --- |
| $^{137}Cs$ | 19.1 Bq g$^{-1}$ | 3 days | 90.1% (1.89 Bq g$^{-1}$) |
| | | 5 days | 92.5% (1.43 Bq g$^{-1}$) |
| | | 8 days | 93.6% (1.22 Bq g$^{-1}$) |
| | | 10 days | 93.9% (1.17 Bq g$^{-1}$) |
| $^{134}Cs$ | 14.6 Bq g$^{-1}$ | 3 days | 90.2% (1.43 Bq g$^{-1}$) |
| | | 5 days | 92.6% (1.08 Bq g$^{-1}$) |
| | | 8 days | 93.7% (0.92 Bq g$^{-1}$) |
| | | 10 days | 94.0% (0.88 Bq g$^{-1}$) |

おいて，2.0 Bq g$^{-1}$以下に下げるのに必要な日数はそれぞれ10日，8日となっており，短期間で除染効果が得られることを示している (Kim et al., 2013)。

福島第一原子力発電所の事故に伴い発生した放射性灰に対する逐次抽出試験の結果，残渣として分画される放射性Csは一般廃棄物主灰において約80%，飛灰において約15%となっている（国立環境研究所，2014）。Kimらの研究において使用した放射性灰が主灰か飛灰かについての言及はされていないが，国立環境研究所の報告通りの分画でCsが灰中に存在していると仮定した場合，残渣として分画されているCsもElectrokinetic-flushing技術によって除去できたと推察される。

## 5. セシウム汚染土壌の修復の可能性

当研究室ではEK法によるCsの粘土鉱物中の挙動について研究を行っている。模擬汚染土壌としてカオリン（和光純薬工業製，化学用）およびバーミキュライト（Kenis株式会社製，蛭石焼成

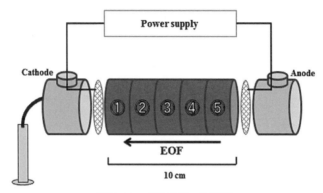

図Ⅶ-5 当研究室の装置図

加工品)を用い,塩化セシウムを添加($Cs^+$ 100 mg kg$^{-1}$)し,乾燥させたものを実験に使用した。図Ⅶ-5に示したようなアクリル樹脂製の泳動装置(直径3 cm,全長10 cm)を用い,直流電源装置を用いて72時間10 V(1 V cm$^{-1}$)の電位を印加した。また,Csの抽出方法として逐次抽出法を用い,実験前後におけるCsの

表Ⅶ-2 粘土鉱物中からのセシウムの逐次抽出法(Tessier *et al.*, 1979を一部改編)

|            | Fractionation |
|------------|---------------|
| Fraction 1 | Exchangeable(イオン交換態) |
|            | pH 7.0, CH$_3$COONH$_4$ Shaking 1 hour |
| Fraction 2 | Bound to carbonates(炭酸塩結合態) |
|            | pH 5.0, CH$_3$COONH$_4$/CH$_3$COOH Shaking 1 hour |
| Fraction 3 | Bound to Fe-Mn oxides(鉄・マンガン酸化物結合態) |
|            | 0.04 M NH$_2$OH-HCl (25% v/v CH$_3$COOH) Heating 3 hours (95℃) |
| Fraction 4 | Bound to organic matter(有機物結合態) |
|            | 0.02 M HNO$_3$ + pH 2.0, 30 % H$_2$O$_2$/HNO$_3$ Heating 5 hours (80℃) |
|            | 3.2 M CH$_3$COONH$_4$ (20% v/v HNO$_3$) Heating 2 hours (80℃) |
| Fraction 5 | Residual(残渣) |
|            | Initial concentration – (Fraction 1~4) |

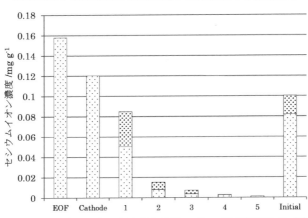

図Ⅶ-6　カオリン中のおける EK 後の Cs の存在形態分布（番号は図Ⅶ-5 の番号に対応，EOF および Cathode は液中濃度，Anode は検出限界以下のため未表示）

土壌中の存在形態についての分析も行った。Tessier らによって提唱されている逐次抽出法は鉛などの重金属に対して適用・応用されるものである（Tessier *et al.*, 1979；大川ら，2012）ので，本研究では Tessier 法を一部改編したものを使用した（表Ⅶ-2）。

図Ⅶ-6 およびⅦ-7 に示すように，カオリン中から $Cs^+$ の除去効率は約 47.3％となり，バーミキュライト中からの除去効率はほぼ 0％となった。これはカオリンの Cs に対する吸着能力がバーミキュライトと比較して弱いため，イオン交換によって抽出が容易であったためと推察される。

バーミキュライトにおいては 72 時間 10 V の実験条件では模擬土壌中からの Cs の抽出は難しいと考えられる。しかしながら，実験後のバーミキュライトに対して行った逐次抽出法の結果，実

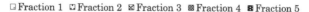
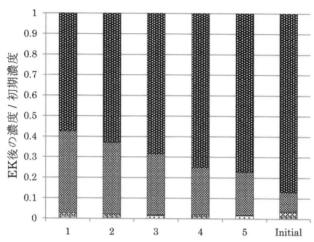

図Ⅶ-7 バーミキュライト中におけるEK後のCsの存在形態分布（EOFおよびCathode中の濃度は検出限界以下のため未表示）

験の前には残渣（Fraction 5）として分画されたCsの一部が有機物結合態（Fraction 4）として分画されることがわかった。本研究で用いたバーミキュライトは園芸用であるため，少量の有機物が含まれており，この有機物に吸着されたものであると考えられる。これらの結果から，バーミキュライト中からCsを取り出すことは難しいものの，EK法によってCsの土壌中における化学形態変化が生じたことが推察される（Akemoto *et al.*, 2014）。

## 6．環境影響

原位置修復法としてEK法を考える場合，土壌pHの変化や土

壌微生物などの環境に与える影響を考える必要がある。EK 法では，電極槽における電気分解反応により土壌 pH の傾斜が生じる。土壌の酸性化は重金属の可溶化の面で利点ではあるが，土壌の主要構成物であるアルミニウムを溶出させる可能性が報告されている (Wada and Umegaki, 2001)。

　土壌 pH の変化は電極の選択にも影響を与える。緩衝液などを用いない場合，EK 後の陽極電解液は pH1～4 と極めて酸性の条件となる。この酸性化は電極の溶解を引き起こすため，酸性条件に対して耐久性のある素材を使用する必要がある。白金や白金メッキされたチタンなどを用いると安定的に使用できるが，コストの面を考えると炭素や鉄，ステンレス鋼などを使用する場合が多い。加えて，加工がし易いことや，比較的入手が容易であることも電極の素材としての条件となっている (Alshawabkeh and Bricka, 2000)。フィールドスケールにおける電極の素材としては，ステンレス鋼が使用されている (Kim *et al.*, 2014)。pH 傾斜の制御方法として，緩衝液を用いる方法や低い pH となる陽極電解液と高い pH となる陰極電解液を混合して循環させる方法も採られている (Ho *et al.*, 1999)。

　土壌微生物への影響に関しても研究がなされている。EK 法による土壌微生物に対する直接的な影響はほとんどないということが報告されている (Lear *et al.*, 2004)。しかし，対象物質がペンタクロロフェノール (PCP) などの微生物に対して毒性を持つような物質の場合，微生物の活動に大きな影響を与える。PCP は低い pH 条件で毒性が増加することが知られており，EK 法による酸性領域の生成が PCP の毒性を増加させ，微生物の数を減少させ

る可能性がある（Lear, et al., 2007）。

また，EK法はイオン種の挙動という性質上，土壌中に存在するすべての物質に対して電位が印加されることとなる。土壌には汚染物質以外にもK, Caなどの栄養塩が含まれており，これらの物質もEK法によって汚染物質と同時に土壌中から取り除かれてしまう。従って，EK法による汚染修復処理後に何らかの方法を用いて栄養塩を土壌中に送り込むことが必要となる。

## 7．コスト

EK法による土壌修復技術は対象物質によって変動するが，概ね一立方メートルあたり約\$200と見積もられており，ローム土1トンに概算すると約\$90となる。EK法を施工するにあたって，以下に示すような要因がコストとしてかかることが想定される（Athmer, 2009）。

コストに最も大きくかかる要因の一つは汚染修復範囲である。特に汚染の深さにおいては，電極を挿入するためのボーリングを深部まで行う必要があり，約25mを超えた範囲では土壌密度が上昇するために，より多くのコストがかかることになる。次に修復完了までにかかる時間である。修復完了までにかかる時間が長いほどコストもかかるため，電極間の距離を狭くすることや電流値を上昇させることで，時間を短縮することができる。この場合，挿入する電極数が増加するとボーリングにかかる費用も増加するため，バランスを考える必要がある。また，修復サイトの環境整備という問題もある。これは汚染地域に建物があるとき，多くの場合は取り除かなければならない。原理的には建物を取り除くこ

表Ⅶ-3　EK法にかかるコストの分類（Athmer, 2009）

| 内訳 | 割合 (%) | 平均 (%) |
|---|---|---|
| 電気料金 | 7-25 | 15 |
| 修復サイトの環境整備にかかる費用 | 5-25 | 10 |
| 装置の材料や労働にかかる費用 | 10-60 | 40 |
| 施工管理にかかる費用（電気料金や装置の材料および労働などにかかる費用を除く） | 15-50 | 25 |
| 廃棄物の管理等 | 5-20 | 10 |

となく施工が可能であるが，安全を保障できるものではない。

また，表Ⅶ-3に示すようにEK法にかかるコストの要因のうち，電気料金は全体の約15％程度である。コストのうち高い割合を占める装置の材料にかかる費用は，電極や装置そのものにかかる費用であり，これらは再利用をおこなうことで低く抑えることができる。

## 8. おわりに

EK法は様々な汚染物質を対象に研究がなされている。この手法においては対象物質がイオンの状態であることが必要であるため，Csを対象物質として考える場合，吸着・固定された粘土鉱物からいかにCsを抽出し，再吸着を防止するかという点が問題となる。Csを強く吸着するとされているFrayed-edge siteは風化によって開くものとされており，常に湿潤条件下におかれるEK法においては粘土鉱物による再吸着の可能性は低くなると予想される。よって，粘土鉱物からEK法によって取り出されたCsは陰極近傍の土壌に集積するか，陰極槽の電解液中に入り込むことが予測される。本研究室で行った実験の結果，残渣から有機物結合態へとCsの形態移行が見られるため，土壌中の有機物を分解

する手法と組み合わせることで，除去率が向上することが期待される。

CsやSrは陽イオンとしてふるまうため，陰極方向へ泳動し集積することから，陰極近傍の放射線量が上昇することが懸念される。しかし，集積する箇所が想定できるため，遮蔽などの対応策を取ることも可能である。また，陰極槽中に抽出された$Cs^+$の回収も見据える必要があるが，水中から$Cs^+$を回収する材料としてプルシアンブルー修飾マグネタイトが開発され，磁石での$Cs^+$の回収が可能となっている (Sasaki and Tanaka, 2011)。

これらの吸着剤と組み合わせることにより，単に土壌中からの抽出に留まらず，回収までを見据えることも可能である。

EK法は1987～2009年までに約75以上のフィールドスケールでの実証報告がある。今後より多くの実証試験が行われることで，さらに正確な汚染物質の挙動や，環境への影響，コストの見積もりが可能になると考えられる。

## 文　献

Acar, Y. B., Alshawabkeh, A. N. 1993. Principles of Electrokinetic Remediation. *Environ. Sci. Technol.*, **27**, 2638-2647.

Akemoto, Y., Kitagawa, C., Miyamura, R., Kan, M., Tanaka, S. Study on removal behavior of cesium ion in clay minerals by using electrokinetic process. 13th Symposium on Electrokineic Remediation (EREM2014), Malaga Spain, pp 134-136.

Alshawabkeh, A. N., Bricka, R. M. 2000. Basics and Applications of Electrokinetic Remediation. In Wise, D. L. (ed) Remediation Engineering of Contaminated Soils. pp 95-111. Marcel Dekker, New

York.

Alshawabkeh, A. N., Sarahney, H. 2005. Effect of Current Density on Enhanced Transformation of Naphthalene. *Environ. Sci. Technol.*, **39**, 5837-5843.

Athmer, C. J. 2009. Cost estimates for electrokinetic remediation. In Reddy, K. R., and Cameselle, C. (ed.) Electrochemical Remediation Technologies for Polluted Soils, Sediments and Groundwater. pp. 583-587. John Wiley & Sons, Hoboken, New Jersey.

Cremers, A., Elsen, A., De Preter, P., Maes, A. 1988. Quantitative analysis of radioceasium retention in soils. *Nature*, **335**, 247-249.

Choi, J-H., Lee, Y-J., Lee, H-G., Ha, T-H., Bae, J-H. 2012. Removal characteristics of salts of greenhouse in field test by in situ electrokinetic process. *Electrochim. Acta*, **86**, 63-71.

独立行政法人国立環境研究所 資源循環・廃棄物研究センター 2014. 放射性物質の挙動からみた適正な廃棄物処理処分(技術資料 第四版). 32-47.

Godschalk, M. S., Lageman, R. 2005. Electrokinetic Biofence, remediation of VOCs with solar energy and bacteria. *Eng. Geol.*, **77**, 225-231.

Ho, S. V., Athmer, C., Sheridan, P. W., Hughes, B. M., Orth, R., Mckenzie, D., Brodsky, P. H., Shapiro, A. M., Sivavec, T. M., Salvo, J., Schultz, D., Landis, R., Griffith, R., Shoemaker, S. 1999. The Lasagna Technology for In Situ Soil Remediation. 2. Large Field Test. *Environ. Sci. Technol.*, **33**, 1092-1099.

Ishii, K., Terakawa, A., Matsuyama, S., Kikuchi, Y., Fujishiro, F., Ishizaki, A., Osada, N., Arai, H., Sugai, H., Takahashi, H., Nagakubo, K., Sakurada, T., Yamazaki, H., Kim, S. 2014. Reducing logistical barriers to radioactive soil remediation after the Fukushima No. 1 nuclear power plant accident. *Nucl. Instrum. Meth. Phys. Res. B*, **318**, 70-75.

復興庁 中間貯蔵施設等福島現地推進本部 2013. 除去土壌等の中間貯蔵施設の案について. p5.

Kim, B-K., Baek, K., Ko, S-H., Yang, J-W. 2011. Research and field experiences on electrokinetic remediation in South Korea. *Separ. Purif. Tech.*, **79**, 116-123.

Kim, D.-H., Jo, S-U., Choi, J.-H., Yang, J.-S., Baek, K. 2012a. Hexagonal two dimensional electrokinetic systems for restoration of saline agricultural lands : A pilot study. *Chem. Eng. J.*, **198-199**, 110-121.

Kim, G-N., Jung, Y-H., Lee, J-J., Moon. J-K., Jung, C-H. 2008. An analysis of a flushing effect on the electrokinetic-flushing removal of cobalt and cesium from a soil around decommissioning site. *Separ. Purif. Tech.*, **63**, 116-121.

Kim, G-N., Kim, S-S., Park, H-M., Kim, W-S., Park, U-R., Moon, J-K. 2013. Cs-137 and Cs-134 removal from radioactive ash using washing-electrokinetic equipment. *Ann. Nucl. Energ.*, **57**, 311-317.

Kim, G-N., Lee, S-S., Shon, D-B., Lee, K-W., Chung, U-S. 2010. Development of pilot-scale electrokinetic remediation technology to remove $^{60}$Co and $^{137}$Cs from soil. *J. Ind. Eng. Chem.*, **16**, 986-991.

Kim, G-N., Park, H-M., Kim, W-S., Moon, J-K., Lee, B-S., Lee, J-G., Shon, D-B. 2012b. Effect of Soil Aging Period on Cs-137 Removal from Soil by Complex Electrokinetic Equipment. 11th Symposium on Electrokineic Remediation (EREM2012), Sapporo Japan, pp 5-6.

Kim, G-N., Yang, B-I., Choi, W-K., Lee, K-W. 2009. Development of vertical electrokinetic-flushing decontamination technology to remove $^{60}$Co and $^{137}$Cs from a Korean nuclear facility site. *Separ. Purif. Tech.*, **68**, 222-226.

Kim, W-S., Jeon, E-K., Jung, J-M., Jung, H-B., Ko, S-H., Seo, C-I., Baek, K. 2014. Field application of electrokinetic remediation for multi-metal contaminated paddy soil using two-dimensional electrode configuration. *Environ. Sci. Pollut. Res.*, **21**, 4482-4491.

Kimura, T., Takase, K-I., Tanaka, S. 2007. Concentration of copper and a copper-EDTA complex at the pH junction formed in soil by an electrokinetic remediation process. *J. Hazard. Mater.*, **143**, 668-672.

Lageman, R. 1993. Electroreclamation, Applications in The Netherlands. *Environ. Sci. Technol.*, **27**, 2648-2650.

Lageman, R., Clarke, R. L., Pool, W., 2005. Electro-reclamation, a versatile soil remediation solution. *Eng. Geol.*, **77**, 191-201.

Lear, G., Harbottle, M. K., Sills, G., Knowles, C. J., Semple, K. T.,

Thompson, I. P. 2007. Impact of electrokinetic remediation on microbial communities within PCP contaminated soil. *Environ. Pollut.*, 146, 139–146.

Lear, G., Harbottle, M. J., van der Gast, C. J., Jackman, S. A., Knowles, C. J., Sills, G., Thompson, I. P. 2004. The effect of electrokinetics on soil microbial communities. *Soil Biol. Biochem.*, **36**, 1751–1760.

Nakao, A., Thiry, Y., Funakawa, S., Kosaki, T., 2008. Characterization of the frayed edge site of micaceous minerals in soil clays influenced by different pedogenetic conditions in Japan and northern Thailand, *Soil Sci. Plant Nutr.*, **54**, 479–489.

新苗　正和・青木　悠二・青木　謙治 2005. 動電学的土壌浄化処理の数値モデル化―土壌酸性化について―. *Resources Processing*, **52**, 136–144.

新苗　正和・青木　悠二・青木　謙治 2006. 動電学的土壌浄化法による重金属の浄化効率に及ぼす電極配列の影響. *Resources Processing*, **53**, 49–57.

大川　康寿・Syah Putra Rudy・藤原　直哉・神　和夫・田中　俊逸 2012. 連続分画抽出及び同位体比分析による鉛汚染土壌中の鉛の汚染原因の推定. ぶんせき, **61**, 95–101.

Park, J. Y., Kim, S. J., Lee, Y. J., Baek, K., Yang, J. W. 2005. EK-Fenton process for removal of phenanthrene in a two-dimensional soil system. *Eng. Geol.*, **77**, 217–224.

Probstein, R. F., Hicks, R. E. 1993. Removal of Contaminants from Soils by Electric Fields. *Science*, **260**, 498–503.

Putra, R. S., Ohkawa, Y., Tanaka, S. 2013. Application of EAPR system on the removal of lead from sandy soil and uptake by Kentucky bluegrass (*Poa pratensis* L.). *Separ. Purif. Tech.*, **102**, 34–42.

Reddy, K. R., Ala, P. R., Sharma, S., Kumar, S. N. 2006. Enhanced electrokinetic remediation of contaminated manufactured gas plant soil. *Eng. Geol.*, **85**, 132–146.

Sasaki, T., Tanaka, S. 2012. Magnetic Separation of Cesium Ion Using Prussian Blue Modified Magnetite. *Chem. Lett.*, **41**, 32–34.

佐藤　努 2011. 福島第一原発事故による放射能汚染の背景と課題.

粘土科学, **50**, 26-32.

Sawada, A., Tanaka, S., Fukushima, M., Tatsumi, K. 2003. Electrokinetic remediation of clayey soils containing copper (II)-oxinate using humic acid as a surfactant. *J. Hazard. Mater.*, **B96**, 145-154.

Shapiro, A. P., Probstein, R. F. 1993. Removal of Contaminants from Saturated Clay by Electroosmosis. *Environ. Sci. Technol.*, **27**, 283-291.

Tessier, A., Campbell, P. G. C., Bisson, M. 1979. Sequential Extraction Procedure for the Speciation of Particulate Trace Metals. *Anal. Chem.*, **51**, 844-851.

Tsukada, H., Takeda, A., Hisamatsu, S., Inaba, J. 2008. Concentration and specific activity of fallout $^{137}$Cs in extracted and particle-size fractions of cultivated soils. *J. Environ. Radioact.*, **99**, 875-881.

Turer, D., Genc, A. 2005. Assessing effect of electrode configuration on the efficiency of electrokinetic remediation by sequential extraction analysis. *J. Hazard. Mater.*, **B119**, 167-174.

Wada, S-I., Umegaki, Y. 2001. Major Ion and Electric Potential Distribution in Soil under Electrokinetic Remediation. *Environ. Sci. Technol.*, **35** 2151-2155.

Yang, G. C. C., Long, Y-W. 1999. Removal and degradation of phenol in a saturated flow by in-situ electrokinetic remediation and Fenton-like process. *J. Hazard. Mater.*, **B69**, 259-271.

# Ⅷ 放射性セシウムの粘土粒子への固定と現地除染法

溝口　勝

1. はじめに
2. 放射性セシウムの粘土粒子への固定
3. 農家自身でできる農地除染法の試み
   3-1　凍土剥ぎ取り法
   3-2　田車による泥水掃出し法
   3-3　浅代かき強制排水法
   3-4　汚染土の埋設法―までい工法
4. フィールドモニタリング
5. おわりに

―――――――― ― ―――――― ― ―――――― ― ――――――

Fixation of radiocaesium to clay particles and trials of in-situ decontamination of contaminated soil in Fukushima

Masaru MIZOGUCHI

## 1. はじめに

　福島第一原発から放出された放射性セシウムは土壌表層に大部分が蓄積されている（塩沢ら，2011）。農林水産省は，これまでの科学的知見や独自の農地除染実証工事を踏まえて，「農地除染対策の技術書」（農林水産省，2013）をとりまとめた。この技術書では農地の汚染程度に応じて，①表土剥ぎ取り，②水による土壌撹拌・除去，③反転耕による対策工法が推奨されている。しかし，実際の現場では国や村が表土剥ぎ取り法による除染工事のみを発注し，それを受注したゼネコンが技術書通りに3〜8cmの汚染表土を削り取り，フレコンバック（Flexible container bag）に詰め，それらを地区ごとに決められた"仮仮"置場と呼ばれる交通アクセスの良い農地に山積みにしている。しかしながら，この汚染土の最終処分地は未だに決まっていない。また，当初2年で帰村するとして始まった除染作業は大幅に遅れ，自分の農地でありながら自ら手出しができず，農地除染をゼネコンに任せるしかできない避難中の農家からは諦めの声も出てきている。こうした状況を打破し，一刻も早い帰村と農業再生を果たすためには，農家自らが実施できる農地除染法を開発することが必要である。そんな中，筆者らはNPO法人ふくしま再生の会（2014）との協働で，放射性セシウムが粘土粒子に固定される性質に着目し，「農地除染＝粘土粒子除去」という発想で農地除染技術の開発に取り組んできた（溝口，2014a）。本章では，放射性セシウムが粘土粒子に固定されるメカニズムについて解説し，著者がこれまでに取り組んできた農民自らができる農地除染の試みを紹介する。

## 2．放射性セシウムの粘土粒子への固定

　福島県飯舘村は花崗岩の産地である。花崗岩には雲母が含まれる。雲母は2：1型層状ケイ酸塩がカリウム（K）を介してシート状に重なった粘土鉱物である。2：1型層状ケイ酸塩の表面には電気的にマイナスの六員環の"孔"（図Ⅷ-1）が空いていて、この"孔"にプラスのカリウムイオン（K$^+$）が入り込み、電気的に中性の雲母を形成している。

　放射性セシウム（Cs）の粘土粒子への固定メカニズムについては不明な点が多いが、現状ではフレイド・エッジ説が支持されている（例えば、中尾, 2013）。土壌生成の過程で雲母が風化し、シート状外縁部分の層間から少しずつK$^+$と水和した陽イオンが交換されていく。その結果、雲母の外縁部分の層間が開いてくさび形の層電荷部分（FES；フレイド・エッジ・サイト）が形成される（図Ⅷ-2）。この過程は、写真Ⅷ-1のような卵パックのモデルを考えると理解しやすい（溝口, 2014）。すなわち、風化によって卵パック（雲母）の外縁部分が開き、白卵（カリウム）が赤卵（セシウム）に置換されるようなイメージである。こうした土壌鉱物として、イライトやバーミュキュライト（風化黒雲母）がある。FESには、K$^+$やアンモニウムイオン（NH$_4^+$）も入り込むことがあるが、水和エネルギーが低く六員環の孔にサイズ的に最もフィットするセシウムイオン（Cs$^+$）が選択的に固定される。Cs$^+$の選択性（選択されやすさ）はK$^+$のおよそ1000倍、NH$_4^+$の200倍といわれる（中尾, 2013）。

　土壌のFESの容量は0.013～4.861 mmol/kgで陽イオン交換

196　Ⅷ　放射性セシウムの粘土粒子への固定と現地除染法

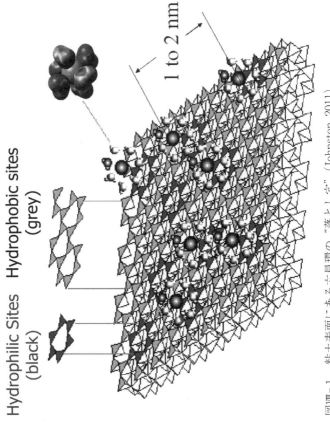

図Ⅷ-1　粘土表面にある六員環の"落とし穴"(Johnston, 2011)
　　　　a：親水性のサイト　b：疎水性のサイト　c：水和した陽イオン

2. 放射性セシウムの粘土粒子への固定　197

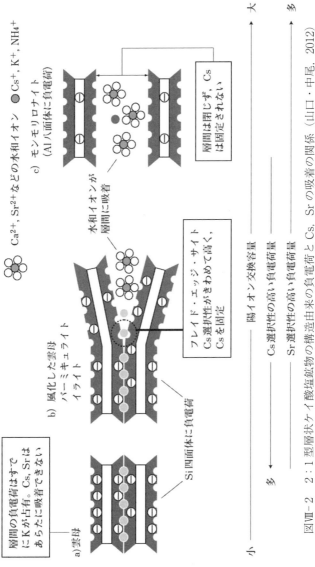

図Ⅷ-2　2:1型層状ケイ酸塩鉱物の構造由来の負電荷と Cs, Sr の吸着の関係（山口・中尾，2012）

198 Ⅷ 放射性セシウムの粘土粒子への固定と現地除染法

写真Ⅷ-1 カリウムと交換して雲母間に固定される放射性セシウムのモデル(卵パック=粘土シート,白卵=カリウム,赤卵=セシウム)(溝口,2014)

容量(CEC)の0.001〜6％との試算(Dalvaux et al., 2000)があるが,これはいま問題となっている汚染農地の放射性Csを全て固定するのに十分である。たとえば,土壌中のCs-137濃度を5000 Bq/kgと仮定した場合(中尾,2013),Cs-137の数の$10^9$〜$10^{10}$倍の数の"孔"がFESとして存在する勘定になる。ただし,泥炭や森林土壌のように雲母が少ない土壌の場合には放射性Csが風化した土壌鉱物に固定される割合が低い。また,pH4〜5のやや酸性が強い土壌では,鉱物溶解によって遊離したアルミニウムイオン($Al^{3+}$)の加水分解によってAl水酸化物の重合体が生成し,外縁部分の開いた層間を占有しCsのFESへの移動を妨げられることも指摘されている(中尾,2013)。

一方，高分解能透過電子顕微鏡（HRTEM）による観察によって，FESではなく風化していない雲母内部でもCsとKとの交換が起こっていることが最近明らかになってきた（Okumura et.al., 2014）。このことは，放射性Csの粘土粒子への固定がフレイド・エッジ説以外のメカニズムで起こっていることを示唆するものである。また，飯舘村で採取された土壌を用いた観察によると放射性Csがバーミュキュライト（風化黒雲母）粒子に多く固定されており，しかもこの鉱物中に均一に分布していることもわかってきた（Mukai et.al., 2014）。

このように放射性セシウム（Cs）の粘土粒子への固定メカニズムは十分に解明されているとは言いがたい。しかしながら，福島の原発事故で放出されたセシウムはカリウムとの陽イオン交換によって飯舘村の土壌中に多く含まれる風化黒雲母の"孔"への固定化が進行中である点については多くの研究者が認めている（松本，2013）。

## 3．農家自身でできる農地除染法の試み

放射性Csは粘土に固定され，粘土粒子と共に移動する。写真Ⅷ-2は原発事故の3か月後に飯舘村内の裸地斜面で測定された放射線量である。雨で斜面上部の粘土粒子が下方に運ばれた結果，斜面下部の放射線量が高くなっている（溝口，2014）。この事実は粘土粒子を除去することによって除染ができることを示唆している。そこで，本節では「粘土粒子除去＝放射性Cs除去」の原理に基づいて，著者がこれまでに現地で取り組んできた除染法の試みを紹介する。

200　Ⅷ　放射性セシウムの粘土粒子への固定と現地除染法

写真Ⅷ-2　飯舘村の斜面における放射線量測定（2011.6.25）

## 3-1 凍土剥ぎ取り法（溝口，2012a）

福島県飯舘村では雪が少なく気温が低いために冬期に土壌が凍結する。凍結した土壌（凍土）はアスファルトのように固いために，数cmの厚みの凍土を地元農家が所有する重機で容易に剥がすことができる。著者らは2012年の1月に5cm程度凍結している水田土壌を剥ぎ取ることで地表面からの放射線量が1.28μSv/hから0.16μSv/hに低下することを現場実験で確認した（写真Ⅷ-3）。この放射線量の低下は凍土の剥ぎ取りによって土壌表層の放射性セシウムが除去できたことを意味する。実験では4m×5mの面積，厚さ5cmの凍土がバックホーにより20分程度で効率的に剥ぎ取られた。この方法は自然の寒さに任せるだけで良く，前処理に伴う作業員の被爆リスクを低減させることができ

写真Ⅷ-3 凍土剥ぎ取りによる除染（2012.1.8）

る利点がある。

　土壌の凍結は土壌間隙中にあった液状水が氷に相変化することである。しかし，この相変化によって液状水が全て氷に変化することはなく，土粒子近傍に液状水（不凍水）がわずかに残る。この液状水に向かって未凍結の土壌水分が引き寄せられるが，移動してきた水分はそこで氷に変化するため土壌の冷却速度と土壌水分移動速度の条件によっては間隙中で氷の結晶が継続し体積膨張を引き起こすことがある（凍上現象）。この体積膨張の圧力（凍上圧）は寒冷地では道路舗装面の破壊や建物の倒壊を起こすことがあるために土の凍結・凍上の研究が工学的な側面から古くから研究されてきた（木下, 1980）。しかし，凍土中における不凍水の移動と凍上のメカニズムについてはいまだに十分にはわかっていないことが多い。

## 3-2　田車による泥水掃出し法（溝口, 2012b）

　通常の代かきではトラクタの自重で表層土が地中にめり込んでしまう。しかし，田車（田植え後に使われる中耕除草機）を使うことで表層5cmの土を水と混ぜることができる。この方法でできた泥水を掃き出すことで簡単に除染ができる。これが田車による泥水掃出し除染法である。著者らは2012年4月に福島県飯舘村佐須滑の5m×10mの水田に5cm深さ程の水を引き入れ，表層を田車で掻き混ぜ，泥水をテニスコートブラシで掃き出す実験を行った（ふくしま再生の会, 2012）。注水・掻き混ぜ・掃出しを3回繰り返し，除染前後の土壌中のセシウム量を測定した。その結果，この方法により放射性セシウムを80％程度除去できることを確認した（写真Ⅷ-4）。

写真Ⅷ-4　田車による除染実験（ふくしま再生の会，2012）

　問題は泥水処理である。この除染法では，泥水を水田の周りに掘った1m深さの素掘りの排水路に流し込んだ。その結果，水田表層から除去された泥水は実験から3か月後には地下浸透でなくなり，排水路の地表面には乾燥した粘土だけが残されていた。図Ⅷ-3は排水路底面および底面から25cm高い側面から1cmごとに土壌を採取し，その放射性セシウム濃度を測定した結果である（溝口，2012b）。放射性セシウムは底面および側面の6-7cmにまでしか浸透していない。これは素掘りの排水路の底面および壁面が土壌の濾過機能（八幡，1980）により放射性セシウムを含む粘土粒子を効果的に捕捉されたためである。この現象は，ペットボトルを使った簡単な実験（Mizoguchi, 2012）で理解できる（写真Ⅷ-5）。すなわち，底を切ったペットボトルを逆さにしてガーゼを敷き，底に数cmの砂層を作り，上から水田の泥水を流す。

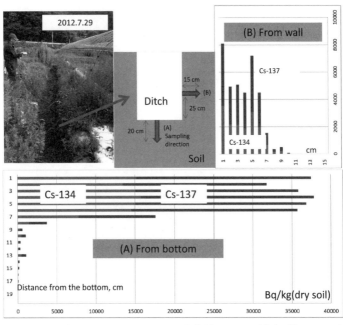

図Ⅷ-3 排水路の周辺土壌の深度別放射性セシウム濃度(溝口,2012)

すると泥水中の粘土粒子が砂層の表面や間隙に捕捉され,捕捉された粘土粒子がさらに粘土粒子を補足するのでペットボトルの下方からは透明な水だけが流れ出てくるのである。

泥水掃出し法では,粘土粒子の水中滞留時間と掃き出しを完了するタイミングが重要である。昔から実践されてきた「代かき」の団粒破壊の効果や土粒子の沈降速度の関係,適当な農業資材を使った粘土粒子の分散・凝集現象の応用など,コロイド科学に関する知見を整理するとより効率的な除染法の開発につながる可能性がある。

写真Ⅷ-5　砂による泥水の浸透濾過実験（Mizoguchi, 2012）

## 3-3　浅代かき強制排水法（溝口，2013a）

　田車による泥水掃出し除染法は手作業で実施する方法なので広大な面積の除染には非効率である。また，原発事故から4年目を迎えた水田は典型的な耕作放棄状態になっており，草や灌木が土壌中に根を延ばし，イノシシが地表面を掘り起し，表層に溜まっていた放射性 Cs が混合されてしまっている。行政的に汚染土壌の処分地が決められない状況の中で，これ以上水田を放置すると除染どころか農地としての再生そのものが困難になる。そこで，著者らは 2013 年 5 月に福島県飯舘村小宮の水田で農家自身が保有するトラクタを使って実施できる「代かき強制排水法」の実験

206　Ⅷ　放射性セシウムの粘土粒子への固定と現地除染法

写真Ⅷ-6　代かき強制排水法（溝口，2013a）

を試みた。

　これは，水田の一角に素掘りの穴を掘り，代かきで発生する泥水を素掘りの穴に流し込む方法である（写真Ⅷ-6）。トラクタの自重で表層土がめり込むことは避けられないが，代かきを何度か繰り返すことで粘土粒子に固定された放射性セシウムを作土層から少しずつ除去する。

　この方法は農水省マニュアルの②水による土壌撹拌除去と③反転耕の組み合わせである。この方法の合理性を理解するには田車除染法と同様にコロイド科学に関する知見が必要である。すなわち，3.2で述べた「土壌の濾過機能」によって泥水が地中に浸透する過程で粘土粒子が土壌間隙に捕捉されることを原理的に理解する必要がある。しかしながら，放射性セシウムが有機物に吸着し，その有機物がコロイドを形成して浸透する場合でも捕捉されるのかどうかは不明な点もある。その意味では土壌中におけるコロイドの移動やクロッギングの現象を土壌物理研究として解明することが重要である。

### 3-4　汚染土の埋設法─までい工法（溝口, 2013b, 溝口, 2014b）

　現在飯舘村内のあちこちで表土剥ぎ取りによる除染工事が行なわれて，汚染土が詰まった黒いフレコンバックが村内の至るところに造成された"仮仮"置場に山積みになっている。これらの汚染土はいずれは"仮"置場に，そして最終処分場に運ばれることになっているが，時間の経過とともにフレコンバックが劣化し，移動させる途中で汚染土を再拡散させるリスクがある。このような状況下で考えられる現実的な対策は，農地の一角に穴を掘って汚染土を埋設することである。室内実験の結果によると50cm程

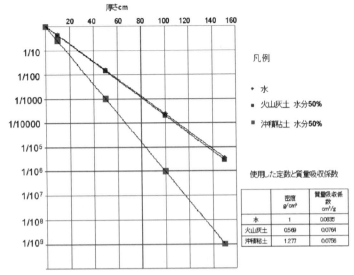

図Ⅷ-4 土によるセシウム放射線の減衰効果(宮崎, 2012)

度の被汚染土で覆土すれば放射線量を 1/100〜1/1000 に減衰できることが報告されている(図Ⅷ-4)。

この仮説を検証するために,著者らは 2012 年 12 月に福島県飯舘村佐須滑の水田(約 10m×30m)の汚染表土を 5cm 剥ぎ取り,水田中央 2m×30m を帯状に掘削し,その 50-80cm 深さに剥ぎ取った汚染土を埋設し,非汚染土を 50cm 覆土した(写真Ⅷ-7)。この方法は,農地除染対策の技術書(農林水産省, 2013)にある①表土剥ぎ取りと③反転耕を丁寧に組み合わせたものといえる。著者らはこの方法を「までい工法」と名づけた。「までい」とは,古語「真手(まて)」が語源の飯舘村の方言で「手間暇を惜しまず丁寧に心を込めて」という意味である。

3. 農家自身でできる農地除染法の試み　209

写真Ⅷ-7　汚染土の埋設作業（2012年12月）

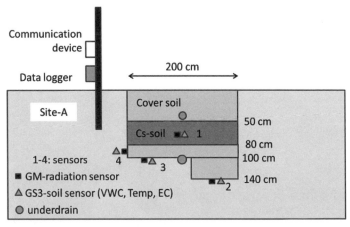

図Ⅷ-5 汚染土を埋設した水田における監視用センサの配置図

　埋設した汚染土の挙動を監視するために，65 cm 深さ（1：汚染土中心），140 cm 深さ（2：汚染土の下 60 cm），100 cm 深さ（3：汚染土の下 20 cm），90 cm 深さ（4：汚染土側面）の地点に土壌センサ（土壌放射線計，土壌水分計，地温 電気伝導度計）を埋設した（図Ⅷ-5）。また，塩ビパイプで深さ 1.5 m の観測井を設置した。土壌センサデータ，地下水位，現地気象データが 1 時間間隔でデータロガーに記録され，通信機器を経由して現地周辺の画像と共に現地からクラウドサーバに自動転送される。

　土壌中の放射線測定にはガイガー・ミュラー（GM）管を用いた。すなわち，GM 管を完全防水型のプラスチック容器（8 cm×7 cm×18 cm）に入れ，1 日 2 回の頻度で 60 分間の放射線量をカウントし，それをデータロガーに記録するシステムを試作して用いた。

　汚染土を埋設した水田を 2013 年 5 月 11 日に粗起した後，5 月

29日に水を入れ，整地のために通常の代かきを3回行い，6月9日に田植した。代かき時の濁水は排水せずに自然地下浸透させた。水田を3区画（稲わら鋤き込み区，対照区，堆肥鋤き込み区）に分けた。10月12日の稲刈りまでの間は通常の水管理方法であった。稲刈り後に各試験区の5地点からライナー採土器（DIK-110C：大起理化工業）を用いて土壌（0-15cm）を採取し，各試験区の土壌の放射性Cs（Cs-134，Cs-137）濃度を5cmごとに測定した。さらに，11月30日に汚染土を埋設した地点で土壌放射線センサを掘り出す際に，0-130cmの深さでライナー採土器を用いて30cm長さの土壌コアを複数に分けて採取し，2cmごとに放射性Cs濃度を測定した。

一連の実験期間における降水量・地下水位・土壌中の放射線量の変化を図Ⅷ-6に示す。井戸の水深は田植え前には降雨に応答して最大で130cm（地下水位20cm）まで急激に上昇し，降雨停止後に徐々に低下し，次の降雨で再び上昇する傾向を示した。田植え後は中干しや落水期以外はほぼ湛水状態にあった。

土壌中の放射線量の変化についてみると，代かき前の期間では，降雨に伴う地下水の変化にもかかわらず，汚染土壌中の放射線量は埋設時の234cpm（2012/12/1）から一定の割合（-0.2cpm/day）で減少し，2013年5月31日には198cpmになった。それに対して20cmと60cm下の土壌中ではそれぞれ18cpmと8cpm程度で際立った増大は見られなかった。これは，12月からの半年間で降雨による土壌中への水の浸潤があっても汚染土壌から放射性Csの下方移動がなかったことを示す。しかし，田植の直前に各深さの放射線量は急激に低下し，田植え以降はほぼゼロになった。

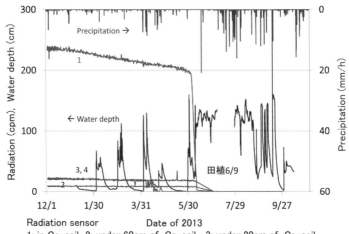

図Ⅷ-6　地下水位，降水量，土壌放射線量の変化

これは防水が不完全であったために水が浸入して放射線センサが壊れてしまったためである。

　稲刈り後の稲わら区，対照区，堆肥区における 0-15 cm の土壌の放射性 Cs (Cs-134 + Cs-137) 濃度の平均値はそれぞれ 224, 195, 419 (Bq/kg) だった。

　図Ⅷ-7 は稲刈り後の水田における土壌放射性 Cs 濃度の分布である。土壌コアごとに 2 cm 深さ毎の測定値をプロットしたが，0-60 cm ではバラツキが大きいので 0-6 cm 毎に求めた移動平均と標準偏差を計算し実線で示した。80-130 cm の土壌の Cs 濃度はバラツキが小さく，20 (Bq/kg) 程度の低い値のままだった。これは稲作の過程で水田が湛水状態で土壌が飽和状態にあったにもかかわらず放射性 Cs が下層に移動しなかったことを示す。つ

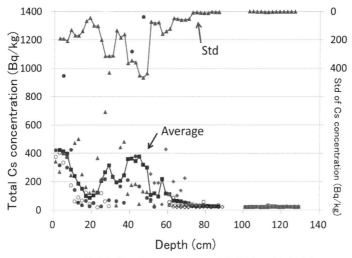

図Ⅷ-7　稲刈り後の水田における土壌放射性Cs濃度分布

まり，埋設された汚染土壌からCsの漏洩はなかったことを意味する。

　埋設作業時には50-80cmの深さに汚染土を埋設したが，放射性Cs濃度は20-60cmの層で高くバラツキが大きかった。これは代かき時の整地や稲作時の湛水や落水によって埋め戻した土層が締まって，地表面が汚染土埋設時よりも沈下したためと考えられる。また，0-20cmでは地表面に近いほど放射性Cs濃度の平均値が高く，0-5cmでは400±200（Bq/kg）だった。これは，①表土剥ぎ取り時に汚染土が取り残された，②農業用水により再汚染された，③埋設時に有機物に付着していたCsがイネの根の伸長に伴い吸収された，等の理由が考えられる。また，④バラツキが大きいとはいえ埋設時の汚染表土のCs濃度に比べると埋設土

層中の移動平均値が低すぎる（45cm 深さで 380±450 Bq/kg）。今回は埋設センサ周辺の土壌のみを採取したが，一連のこうした疑問に答えるためには，圃場の空間的変動性を含む様々な要因を想定した現地実験を繰り返し，土壌中の放射性 Cs 濃度分布を調べる必要がある。

なお，先に述べた田車除染法を実施した水田および「までい工法」を実施した水田で 2013 年に収穫された白米の放射性 Cs 濃度は 5 (Bq/kg) の検出限界以下であった。そして，同じ水田で 2014 年に収穫した米は，2014 年 11 月 6 日に「JA そうま」（福島県指定検査機関）が実施する全量全袋検査をパスした。このことは，著者らが実施した農家自身で行える除染法で十分に安全な米を生産できることを示すものである。しかしながら，埋設汚染土から長期間にわたってセシウムが漏れないことをより明確に示すことが必要である。土壌物理学の分野で使われて HYDRUS 等のシミュレーションソフトを使い，粘土や有機物のコロイドとしての移動の可能性を考慮しながら水の浸透にともなうセシウムの長期的な挙動を予測し，地下水環境への安全性を確保することが必要である。

## 4．フィールドモニタリング

フィールドの環境計測ではセンサとデータロガーを組み合わせたシステムが通常使われる。遠隔地にこのシステムを設置した場合，現地から戻った後にデータを確認でき，仮にデータが取れていないときにはその原因を推測できると便利である。これらは，現地に設置したデータロガーや Web カメラを一時的にインター

ネットに接続するだけで実現できる。著者はこれを「フィールドモニタリングシステム（FMS；Field Monitoring System）」と名付け，それに必要な要素技術を開発してきた（溝口，2012c）。

飯舘村は現在も避難区域に指定されているため，外部被ばく量を考えると現地に継続的に張りついた環境計測には他方のリスクを伴う。したがって，リモートで現地の状況をモニタリングできるFMSがきわめて有効である。

除染の効果を評価するためにはいくつかの重要なポイント（ホットスポット）で継続的に放射線モニタリングを行う必要がある。特に，降水量や風向風速などの気象と放射線量の関係，降水量と小河川の流出量や濁水量との関係，地下水位変動に伴う埋設した汚染土壌の挙動を注意深く観測することが重要である。飯舘村内には行政区内の水田，森林，民家など，携帯電話の電波が入る複数の地点にFMSが設置されている。3節で紹介した土壌中の放射線データもFMSによってリアルタイムに取得されたものである。それらのデータはクラウドサーバに自動転送されるのでインターネット経由でPCやスマートフォンを使ってどこからでも見ることができる（Mizoguchi *et al.*, 2011）。

図Ⅷ-8は，飯舘村の民家の庭で測定された空間線量率の一例である。現地画像データと比較することにより2014年2月の2週連続の大雪で放射線量が急激に低下し，それが融雪と共に徐々に回復する傾向がわかる。このように遠隔地のフィールドモニタリング技術はフィールド科学にとってキーテクノロジーである。現場土壌に特有の界面電気現象もFMSと適当なセンサを組み合わせることでリアルタイムにデータを取得することが可能である。

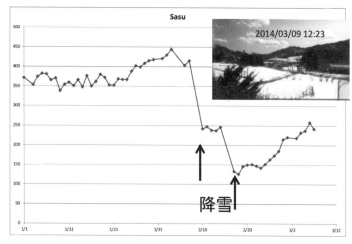

図Ⅷ-8　降雪に伴う空間線量率の変化

## 5．おわりに

　原発事故で汚染された土壌の除染は世界中の研究者が総力戦で一刻も早い解決策を提示すべき問題ある。そうした状況の中で，いま土壌を扱う学問の重要性が見直されている。本章では著者が実施してきた現場試験を紹介したが，これとは別の現実問題として，"仮仮"置場に山積みになったフレコンバックに詰め込まれた汚染土壌を減容化する技術が求められている。たとえば，土壌を泥水化して放射性Csを固定した粘土画分だけを効率的に取り出す技術である。また，福島県内の山間にある農業用ため池には森林土壌から粘土粒子や有機物に吸着した放射性Csがゆっくりと移動し，ため池底部に堆積しつつある。この堆積物が撹拌され農業用水に紛れ込まないようにする技術も必要である。これらの技

術開発には，土壌や有機物などのコロイド粒子の挙動や界面活性剤についての理解が不可欠であり，その意味でも土壌の界面電気現象の知見が必要とされている。いずれにせよ，私たちは放射性物質で汚染された土地の再生という共通の目標に向かって，まずは現場を見て，既存の学問分野が連携しながら問題解決を図っていくことが大切である。

# 文　献

Delvaux, B, Kruyts, N, and Cremers, A. 2000. Rhizospheric mobilisation of radiocaesium in soils. Environ. Sci. Technol., 34, 1489-1493.

ふくしま再生の会．2014．http://www.fukushima-saisei.jp（2014 年 12 月現在）

Johnston, C. T. 2011. 粘土表面の放射性セシウムの吸着特性とその挙動，特別セミナー資料，http://www.iai.ga.a.u-tokyo.ac.jp/mizo/seminar/110530cliffseminar.html（2014 年 12 月現在）

木下誠一編著，1980．凍土の物理学，森北出版．

松本聰，2013．除染技術の拡がりと除染から派生した土壌科学の進化．学術会議叢書 20 放射能除染の土壌科学—森・田・畑から家庭菜園まで—，153-164，日本学術協力財団．

宮崎毅．2012．土によるセシウム放射線の減衰効果，東日本大震災からの農林水産業の復興に向けて—被害の認識と理解，復興へのテクニカル リコメンデーション—，日本農学会，21，http://www.ajass.jp/image/recom2012.1.13.pdf（2014 年 12 月現在）

Mizoguchi, Ito, T., Chusnul, A., Mitsuishi, S. and Akazawa, M. 2011. Quasi real-time field network system for monitoring remote agricultural fields, Proceedings of SICE Annual Conference, 1586.

溝口勝．2012a．冬の間に凍土を剥ぎ取れ！—自然凍土剥取り法による土壌除染—，農業農村工学会誌，80(2)，152．

溝口勝．2012b．農家自身でできる農地除染法の開発．学術会議叢書

20 放射能除染の土壌科学―森・田・畑から家庭菜園まで―，135-151，日本学術協力財団.

溝口勝．2012c．フィールドモニタリングシステム，水土の知，80(9), 50.

Mizoguchi, M. 2012. 砂による泥水の濾過, http://www.youtube.com/watch?v=VBA-ybsIwSU

溝口勝．2013a．土壌除染と放射線モニタリング，計測と制御，52(8), 730-735.

溝口勝・伊藤哲・田尾陽一．2013b．福島県飯舘村の水田における Cs 汚染表土の埋設実験，農業農村工学講演要旨，660-661.

溝口勝．2014a．放射性物質問題―土壌物理に求められること―．土壌の物理性．126, 3-10

溝口勝・西村拓・伊井一夫・田尾陽一．2014b．までい水田における放射性セシウムの鉛直移動，農業農村工学講演要旨，100-101.

Mukai, H, Hatta, T, Kitazawa, H, Yamasa, H, Yaita, T, and Kogure, T. 2014. Speciation of radioactive soil particles in the Fukushima contaminated area by IP autoradiography and microanalyses, Environ. Sci. Technol., 48 (22), 13053-13059.

中尾淳　2013．セシウムの土壌吸着と固定．学術会議叢書 20 放射能除染の土壌科学―森・田・畑から家庭菜園まで―，pp107-119, 日本学術協力財団.

中尾淳・山口紀子．2012．放射性物質の土壌中での動き．最新農業技術，土壌施肥，vol.4, pp49-57, 農文協.

農林水産省．2013．農地除染対策の技術書，平成 25 年 2 月．

Okumura, T.; Tamura, K.; Fujii, E.; Yamada, H.; Kogure, T. Direct observation of cesium at the interlayer region in phlogopite mica. Microscopy 2014, 63, 65-72.

塩沢昌, 田野井慶太朗, 根本圭介, 吉田修一郎, 西田和弘, 橋本健, 桜井健太, 中西友子, 二瓶直登, 小野勇治．2011．福島県の水田土壌における放射性セシウムの深度別濃度と移流速度．RADIOISOTOPES，60：323-328.

八幡敏雄．1980．濾過機能に関連する事項，土壌の物理，東京大学出版会（第 3 刷），142-156.

土壌と界面電気現象
―基礎から土壌汚染対策まで―

2017年3月7日　第1刷発行

検印省略

編　者　　日本土壌肥料学会
発行者　　大　橋　一　弘
発行所　　株式会社　博　友　社
〒116-0002　東京都荒川区荒川5-9-7
電　話　東京(03) 6458-3872（代）
ＦＡＸ　東京(03) 5604-3393

社団法人　自然科学書協会会員

印刷・製本　株式会社　太洋社

Ⓒ　代表者　間藤　徹　2017

乱丁・落丁の場合は博友社までお申し出下さい。お取替え致します。

本書の内容の一部あるいは全部を無断で（複写機等いかなる方法によっても）複写複製すると、著作権および出版権侵害となることがありますので御注意下さい

ISBN 978-4-8268-0225-3
（定価はカバーに表示してあります）